牧区 半牧区 草牧业
科普系列丛书

牧草机械使用维护与故障排除

万其号 布 库 编著

中国农业科学技术出版社

图书在版编目（CIP）数据

牧草机械使用维护与故障排除／万其号，布库编著．—北京：中国农业科学技术出版社，2016.10

ISBN 978-7-5116-2475-8

Ⅰ.①牧… Ⅱ.①万…②布… Ⅲ.①牧草-农业机械-使用方法②牧草-农业机械-机械维修③牧草-农业机械-故障修复 Ⅳ.①S817.1

中国版本图书馆CIP数据核字（2015）第321792号

责任编辑 李冠桥 张敏洁
责任校对 杨丁庆

出 版 者 中国农业科学技术出版社
北京市中关村南大街12号 邮编：100081
电　　话 (010)82106632(编辑室) (010)82109704(发行部)
(010)82109709(读者服务部)
传　　真 (010)82106625
网　　址 http://www.castp.cn
经 销 者 各地新华书店
印 刷 者 北京华正印刷有限公司
开　　本 710mm×1 000mm 1/16
印　　张 11.5
字　　数 206千字
版　　次 2016年10月第1版 2016年10月第1次印刷
定　　价 38.00元

《牧区半牧区草牧业科普系列丛书》

编 委 会

《牧草机械使用维护与故障排除》

编著名单

主 编 著：万其号　布　库

副主编著：焦　巍　刘百顺

参　　编：侯武英　高凤琴　乔　江

吴洪新

序

我国牧区半牧区面积广袤，主要分布在北方干旱和半干旱地区，覆被以草原为主，自然环境比较恶劣。自古以来，牧区半牧区都是我国北方重要的生态屏障，是草原畜牧业的重要发展基地，是边疆少数民族农牧民赖以繁衍生息的绿色家园，在保障国家生态安全、食物安全、边疆少数民族地区稳定繁荣中发挥着不可替代的重要作用。

近几十年来，由于牧区半牧区人口增加、气候变化以及不合理利用，导致大面积草地退化、沙化、盐渍化。

党和国家高度重视草原生态保护和可持续利用问题，2011 年出台了《国务院关于促进牧区又好又快发展的若干意见》，确立了牧区半牧区“生产生态有机结合、生态优先”的发展战略，启动实施“草原生态保护补助奖励机制”，2015 年中央 1 号文件提出“加快发展草牧业”，2016 年中央 1 号文件进一步提出“扩大粮改饲试点、加快建设现代饲草料产业体系”，为牧区半牧区草牧业的发展带来难得的历史机遇。牧区半牧区草牧业已成为推动我国农业转型升级、促进农牧民脱贫致富、加快实现现代化的重要突破口和关键着力点。然而，长期以来，牧区半牧区农牧民接受科技信息渠道不畅、科技成果应用和普及率不高、草牧业生产经营方式落后、生态和生产不能很好兼顾等因素，制约着草牧业的可持续发展，迫切需要加强草牧业科技创新和技术推广，引领支撑牧区半牧区草牧业现代化。

在农业科技创新工程大力支持下，中国农业科学院草原研究所组织一批中青年专家，编写了“牧区半牧区草牧业科普系列丛书”。该丛书贯彻“顶天立地”的发展战略，以草原生态保护与可持续利用为主线，面向广大农牧民和基层农技人员，以通俗易懂的语言、图文并茂的形式，系统深入地介绍我国草原科技领域的新知识、新技术和新成果，帮助大家认识和解决牧区半牧区生态、生产、生活中的问题。

该丛书编写人员长期扎根牧区半牧区科研一线，具有丰富的科学知识和实践经验。相信这套丛书的出版发行，对于普及草原科学知识，推广草原科技成果，提升牧区半牧区草牧业科技支撑能力和科技贡献率，推动草牧业健康快速发展和农牧民增收，必将起到重要的促进作用。

欣喜之余，撰写此文，以示祝贺，是为序。

中国农业科学院党组书记

陈萌山

2016 年 1 月

《牧区半牧区草牧业科普系列丛书》

前　言

牧区半牧区覆盖我国23个省（区）的268个旗市，其面积占全国国土面积的40%以上，从远古农耕文明开始，各个阶段对我国经济社会发展均具有重要战略地位。牧区半牧区主要集中分布在内蒙古自治区、四川省、新疆维吾尔自治区、西藏自治区、青海省和甘肃省等自然经济落后的省区，草原作为牧区半牧区生产、生活、生态最基本的生产力，直接关系到我国生态安全的全局，在防风固沙、涵养水源、保持水土、维护生物多样性等方面具有不可替代的重要作用，同时也是我国畜牧业发展的重要基础资源，在区域的生态环境和社会经济中扮演着关键的角色。然而，随着牧区人口增加、牲畜数量增长、畜牧业需求加大，天然草原超载过牧问题日益严重。2000—2008年的数据显示，牧区合理载畜量为1.2亿个羊单位，实际载畜量近1.8亿个羊单位，超载率近50%。长期超载过牧以及不合理利用使草原不堪重负，草畜矛盾不断加剧，草原退化面积持续扩大。从20世纪70年代中期约15%的可利用天然草原出现退化，80年代中期的30%，90年代中期的50%，持续增长到目前约90%的可利用天然草原出现不同程度的退化，导致草原生产力大幅下降、水土流失严重、沙尘暴频发、畜牧业发展举步维艰，草原生态、经济形势十分严峻，可持续发展面临严重威胁。

2011年，国务院发布的《国务院关于促进牧区又好又快发展的若干意见》明确指出，牧区在我国经济社会发展大局中具有重要的战略地位。同时，2011年也开始实施草原生态保护补助奖励机制，包括实施禁牧补助、草畜平衡奖励、针对牧民的生产性补贴、加大牧区教育发展和牧民培训支持力度、促进牧民转移就业等举措，把提高广大牧民的物质文化生活水平摆在更加突出的重要位置，着力解决人民群众最现实、最直接、最紧迫的民生问题，大力改善牧区群众生产生活条件，加快推进基本公共服务均等化。

“草牧业”是个新词，源于2014年10月汪洋副总理主持召开专题会议听取农业部汇报草原保护建设和草原畜牧业发展情况时，汪洋副总理凝练提出了“草牧业”一词。随即2015年中央1号文件中特别强调“加快发展草牧业”，对于经济新常态下草业和草食畜牧业迈入新阶段、谱写新篇章是前所未有强有力的刺激和鼓舞。草牧业是一个综合性的概念，其核心是强调草畜并重、草牧结合，推进一二三产业融合。草牧业的提出无疑是对我国草业和牧业的鼓励，发展草牧业正是十八大以来大国崛起的重大步骤。发展草牧业是我国农业结构调整的重要内容，是“调方式、转结构”农业现代化转型发展的重要组成部分，是我国牧区半牧区及农区优质生态产品产业和现代畜牧业发展的重要组成部分，是变革过去粮、草、畜松散生产格局、有效解决资源环境约束日益趋紧、生产效率低及生态成本高等问题的关键突破口，是保障国家食物安全和生态安全的重要途径。

中国农业科学院草原研究所自建所52年来，坚持立足草原，针对草原生产能力、草原生态环境及制约草原畜牧业可持续发展的重大科技问题，瞄准世界科技发展前沿，以改善草原生态环境，促进草原畜牧业发展的基础、应用基础性研究为主线，围绕我国草原资源、生态、经济、社会等科学和技术问题，系统开展牧草种质资源搜集鉴定与评价、多抗高产牧草良种培育与种质创新、草原生态保护与可持续利用、草原生态监测与灾害预警防控、牧草栽培与加工利用、草业机械设备研制等科研工作。在2015年实施中国农业科学院科技创新工程以后，恰逢加快发展草牧业的契机，中国农业科学院草原研究所组织全所精英，把老、中、青草牧业科研工作者组织起来，共同努力，针对目前牧区半牧区草牧业发展的薄弱技术环节，制约牧区半牧区农牧民生产生活的关键技术，以为农牧民提供技术支撑，解决农牧业农村问题为目的，特编著《牧区半牧区草牧业科普系列丛书》，该套丛书内容丰富翔实，结构通俗易懂，可为牧区半牧区草原退化防治、人工草地栽培、家庭牧场生产经营、家畜养殖技术、牧草病虫鼠害防治等问题提供全面的技术服务，真正的把科研成果留给大地，走进农户。

编者

2016年1月

内容提要

随着我国畜牧业的发展，对牧草需求量越来越大。牧草种植及收获的机械种类越来越多、自动化程度越来越高。为了使农牧民正确使用这类设备，及时的排除机械工作时出现的故障，提高使用及维修人员的技术素质和专业水平，笔者编写了此书。

本书涵盖了牧草种植、施肥、植保、喷灌、收获机械，详细介绍了机械发展历程、结构类型、主要工作参数、维修维护、故障排除等。书中还介绍了牧草种植及收获的农艺知识，具有一定的理论性和知识性，书中配有各种机械的外形图及参数，也可作为选型参考图书。

本书是农牧民从事牧草种植收获机械操作和维修技术基础普及读物，希望能为农牧民在掌握种植及收获机械的结构、性能、安装调试、维护保养、故障排除、安全操作方面有所贡献。

目　　录

第一章

人工草地耕整机械

第一节　人工草地耕整机械的概述

一、人工草地耕整机械的用途

随着生产力的发展、对畜产品需求量越来越大，天然草场提供的牧草产量远远不能满足畜牧业生产的发展，国家积极推广人工种草。人工种植草场建设中使用的耕整机械，主要功能是播种草籽前对土壤的耕耘和整地，可改善土壤结构、消灭杂草和害虫、将作物残茬以及肥料、农药等混合在土壤内以增加其效用、改良土壤等，为了种子发芽和作物生长创造良好的土壤环境；使用机械整地，既可以减轻农牧民的劳动强度，节省劳动时间、人力和畜力，又可提高牧草在土壤上的产出率。整地的季节可以放在春、夏、秋季节，耕、耙、压应连续作业，以利于保墒，但天然草原严禁进行耕整，只能进行补播等。

二、耕整机械的分类

按机具对土壤的加工过程不同可分为耕地机械和整地机械两类。耕地机械用于土壤的翻耕和松土，包括铧式犁、圆盘犁、松土机（凿式深松机）和旋耕机；整地机械用于土壤的破碎、疏松和平整，包括圆盘耙、钉齿耙、水田耙、驱动耙、镇压器、平地合上器、联合整地机等。

按与主机的挂接方式可分为牵引式、悬挂式及半悬挂式。

三、机械化耕地整地作业的农业技术要求

1. 耕深

应随土壤、作物、地区、动力、肥源、气候和季节等不同而选择合理的耕深。耕作层通常为16~20cm，初次机耕地区的耕层要浅些，一般为10~15cm；常年机耕地区的耕深较深，可达20~30cm。一般说来，秋耕冬耕宜深，而春耕夏耕宜浅。深耕作业，旱地为27~40cm。耕深要求均匀一致，沟底也应平整。

2. 覆盖

良好的翻垡覆盖性能是铧式犁的主要作业指标之一，要求耕后植被不露头，回立垡少。对于水田旱耕，要求耕后土垡架空透气，便于晒垡，以利恢复和提高土壤肥力。

3. 碎土

犁耕作业还需兼顾碎土性能，耕后土垡松碎，田面平整。对于水田土壤秋耕后，要求有良好的断条性能，通常以每米断条数目或垡条的平均长度来表示。一般说来，铧式犁的碎土质量往往难于满足苗床要求，还需进行整地作业。

4. 耙深

要求均匀一致，旱地一般为10~20cm。

耕深一致有利于人工草地平整和提高播种质量。旱地为保水可适当浅耙。

5. 耙碎、耙平、耙透

耙后表土平整、细碎、松软，但又需有适当的紧密度，因此，有些地区还需进行镇压作业。

第二节　人工草地耕整机具种类

一、铧式犁

早在三千多年前中国就有了原始的畜力铧式犁，主要用于切割、破碎、翻转土垡。1949 年后，逐步推广新式步犁和双轮双铧犁；20 世纪 70 年代末先后完成了南方水田系列犁和北方旱田系列犁等设计，并大量使用推广；80 年代我国自行设计与大功率拖拉机配套的悬挂犁、半悬挂犁和翻转犁，以及深耕犁、圆盘犁、调幅犁及耕整地联合作业机具等多种产品。

1. 铧式犁类型及构造

铧式犁类型。按与拖拉机连接方式分为悬挂犁、半悬挂犁、牵引式犁与直联式犁等；按使用范围和用途分为水田犁、旱田犁、双向犁、深耕犁；按结构特点分为栅条犁、调幅犁、菱形犁等。

（1）悬挂犁。主要由犁体、犁刀、犁架、悬挂装置和耕宽调节装置等组成。犁通过悬挂装置与拖拉机上、下拉杆挂接。工作过程是通过拖拉机的悬挂机构与犁的悬挂架连接，作业时由机耕手操纵拖拉机的悬挂机构来控制犁的升降和耕深，耕宽调节是通过改变悬挂犁的两个下悬挂点的前后相对位置，来控制第一犁体的正确耕宽，防治漏耕、重耕。

（2）半悬挂犁。主要由犁体、犁刀、犁架、半悬挂架、限深轮、尾轮及尾轮操向机构构成。犁的起落由拖拉机液压装置控制。犁升起时，犁架前端被拖拉机悬挂机构提起，提升到一定高度后，通过尾轮油缸使犁的后部升起，由尾轮支撑重量。尾轮操向机构与拖拉机悬挂机构的固定臂连接，机组转弯时，尾轮自动操向，犁前部分犁体的犁深可用于限深轮的高度调节，也可用拖拉机的力调节。

（3）牵引犁。牵引犁由犁体、犁刀、犁架、牵引装置、起落机构、耕深和水平调节机构、犁轮等组成。它是机力犁中最早的一种形式，目前仍在广泛应用。工作过程是通过其牵引装置与拖拉机单点连接在拖拉机后面，在工作或空行时，其重由犁轮支撑，犁作业时的升降、耕深的控制都是通过机耕手调节犁轮来实现，故耕深稳定，对不平地面作业适应性强，但机动性差。

2. 主要铧式犁参数

(1) IL 系列铧式犁（图 1－1)。参见表 1－1 所述。

图 1－1　IL 系列铧式犁

（引自 http：//www. qiyiwu. net/shengengli/）

表 1－1　IL 系列铧式犁技术参数

技术参数	型号							
	IL－325	IL－425	IL－525	IL－230	IL－330	IL－430	IL－530	IL－435
犁体宽度（cm）	25	25	25	30	30	30	30	35
设计耕深（cm）	20	20	20	24	24	24	24	27
适应耕深（cm）	16～22	16～22	16～22	18～26	18～26	18～26	18～26	20～30
犁体纵向间距（mm）	500	500	500	600	600	600	600	700
犁架高度（mm）	540	540	540	550	550	550	550/580	580
质量（kg）	191	232	280	197	240	300	525	500
外形尺寸（长×宽×高）（mm）	1 715 ×1 150 ×1 170	2 225 ×1 185 ×1 185	2 720 ×1 500 ×1 185	1 440 ×1 220 ×1 185	2 020 ×1 210 ×1 200	2 615 ×1 500 ×1 200	3 220 ×1 815 ×1 370	2 900 ×1 710 ×1 570
配套拖拉机动力（kW）	8～10	12～14	14	8～10	12～14	14	30	30

（2）约翰迪尔 Z5T－CN6（RP1105）5 铧液压翻转犁（图 1－2）。约翰迪尔 5 铧液压翻转犁采用加强设计犁头及集成设计的犁架机构，第一犁体位置调整方便快捷，犁体设计圆柱状，轮控犁地深度及道路运输，犁梁离地有一定距离（表 1－2）。

图 1－2　约翰迪尔 Z5T－CN6（RP1105）5 铧液压翻转犁

（引自 www. nongji360. com/company/shop10/product_ 39866_ 208108. shtml）

表 1－2　约翰迪尔 Z5T－CN6（RP1105）5 铧液压翻转犁参数

项目	参数
总宽（cm）	225
长度（cm）	560
高度（cm）	185
作业深度（cm）	30/35
犁梁离地间隙（cm）	82
相邻两犁体之间的距离（cm）	105
单体作业宽度（cm）	33/50
重量（kg）	1 650
要求最小的拖拉机功率（hp/kW）	160－230/118－169
和拖拉机连接的形式	Ⅲ类
犁的重心和三点悬挂连接的距离（cm）	240
副犁	配厂家标准副犁
配套拖拉机马力	约翰迪尔 180 以上马力

3. 铧式悬挂犁的调整

拖拉机牵引铧式犁作业过程中，需要适时有效地进行调整，以降低耕地成本，延长机车使用寿命，减少驾驶员劳动强度，提高机耕效率和质量。

（1）拖拉机轮距的调整。拖拉机的轮距应与犁耕幅宽相一致。若不一致，应调整拖拉机轮距，调整的目的是使犁耕地时，犁的阻力中心线基本上能与拖拉机的纵轴线相重合，以消除机组的偏牵引。拖拉机的轮距 = 犁的工作幅宽 + 1/2 单铧幅宽 + 1 个轮胎宽度。调整方法是用千斤顶将拖拉机支起，使后轮悬空，拧松驱动轮在驱动轴上的定位螺钉，向里或向外移动驱动轮，使其与犁耕幅宽相适应，再拧紧螺钉。

（2）犁与拖拉机相对位置的调整。悬挂装置限位链长度的调整是拧松拖拉机悬挂装置限位链调节螺杆上的螺母，通过改变调节螺杆的长度，使左右下拉杆对称拖拉机纵轴中心线，并使拉杆的左右摆动幅度为 3°～5°角；悬挂轴左右位置的调整是通过转动悬挂轴或调整限位螺母位置，使前犁的犁翼与拖拉机后轮内侧线重合 2～2.5cm。

（3）犁水平位置的调整。调节拖拉机悬挂装置上拉杆的长度，使悬挂犁下降至地面时有 2°～3°入土角，处于规定耕深时，犁架前后处于水平状态。

（4）耕深调节的选择。位置调节法，犁的工作深度由液压悬挂机构控制，工作时犁落至所需耕深后，将液压操纵杆置于“中立”位置，此时犁与拖拉机成刚性连接，两者位置保持不变；高度调节法，工作时拖拉机液压操纵手柄置于“浮动”位置，液压系统只起升降犁体作用，不起调节作用，耕深由限深轮控制。

4. 铧式犁的使用和保养

工作前要检查零部件是否完整与紧固，并将润滑点注满黄油。

调整限位链的长度，使犁在工作位置时，左右限位链处于同等的松动状态，不允许一边有张紧现象，而犁在升起位置时有左右 20mm 的摆动量。

应及时清除犁体、犁刀和限深轮上的黏土与拖挂物。

犁铧、前后犁壁、犁刀、前后侧板等易损件应及时更新。

每一耕作季节结束后，应将限深轮、犁刀、更宽调节器和各调节丝杆、轴承等件，拆卸进行清洗检查，磨损过的零件应更换，损坏件应更新，毡圈经过油浸后复用，安装时应注满黄油。

犁刀刃口厚度一般不超过 2mm，否则应在砂轮上予以刃磨，注意刃磨时使其退火。

犁铧、前后犁壁、前后侧板等与土壤接触的表面，以及外露螺纹，入库前应清除脏物，涂以防锈油，置于干燥处，然后放入室内保管。

二、圆盘犁

1. 圆盘及圆盘犁类型及构造

圆盘犁刀能切出整齐的沟墙，切断残根杂草，减少犁体切土时的阻力和胫刃的磨损。犁刀有直犁刀和圆犁刀两种型式。直犁刀用于深耕犁或多石、灌木地区耕作用的专用犁上。其入土性能好，耕深不受限制。圆犁刀比直犁刀阻力小，不宜缠草，但刀盘直径不宜过大，切土深度受到限制。圆犁刀按其刀盘形式有平面、波形和缺口三种形式。其中，平面圆盘应用广泛，脱土性好，容易入土，便于磨锐，旱田犁上一般采用平面圆盘。缺口刀盘用于黏重而多草的田地，刀盘缺口可将草压倒，便于切断，但磨损后不易修复。波纹刀盘强度较大，不易滑移，切断草根效果好，但在干硬土壤上不易入土。按其叉架形式有单臂和双臂式两种。

圆盘犁按其动力特点可分为牵引式和驱动式；按工作方式可分为单向元盘犁、双向圆盘犁，双向圆盘犁增加了液压或机械式的翻转机构；按犁盘的数量，有几个犁盘就是几盘犁，如 3 盘犁、9 盘犁等。

圆盘犁由圆盘犁体、刮土板、犁架、悬挂架、悬挂轴、尾轮等组成。工作时拖拉机牵引与圆盘犁使圆盘绕其中心轴转动，圆盘周边切开土壤耕起的土垡沿转动的圆盘凹面上升并向侧后方翻转。圆盘犁的圆盘回转平面与前进方向之间有 10°～30°的偏角，起推移土壤和增强圆盘入土能力的作用。另外，圆盘回转平面与铅垂面之间形成 30°～45°的倾角，能使圆盘易于切取土垡，并使土垡升起后翻转。在圆盘凹面的后上方安装有刮土板，以防止土壤粘附盘面，并有协助翻垡作用。

2. 主要圆盘犁参数

参见图 1－3、表 1－3。

图 1-3　1LY（SX）系列圆盘犁

（引自 http：//www.hbkaijie.com）

表 1-3　LY（SX）系列圆盘犁技术参数

技术参数	型号			
	1LY（SX）-325	1LY（SX）-425	1LY（SX）-525	1LY（SX）-625
最大耕幅（m）	0.75	1.00	1.25	1.50
最大耕深（cm）	25	25	25	30
圆盘数（片）	3	4	5	6
圆盘直径（mm）	650/700	650/700	650/700	650/700
整机重量（kg）	700	800	900	1 000
挂接型式	三点悬挂	三点悬挂	三点悬挂	三点悬挂
配套动力（kW）	47.7	58.8	73.5	88

3. 圆盘犁使用及维护

将犁架垫平，检查圆盘之间的高度差，一般要求高度差不超过 ±5mm，当圆盘犁磨损或犁柱变形后，高度差也不能超过 ±15mm。

检查圆盘犁的偏角和倾角要符合规定。圆盘刃口应锋利，刃口厚度应小于 1.5mm，刃口如有缺口，长度超过 15mm，深度超过 1.5mm 时应修理。

悬挂轴调节机构应灵活，各部分螺栓应拧紧，尾轮的安装位置要正确，并能灵活运转、圆盘轴承及尾轮轴承，应加润滑脂。

耕作时为避免圆盘间发生堵塞，又要保证作业质量，圆盘间距应不小于最大耕深的2倍，沟底的不平度，不能大于耕深的1/3。

要使犁架处于水平状态，犁架的左右水平，可用拖拉机上的右提升杆调节；犁架的前后水平，可用上拉杆调节。

翻土板的位置应安装正确。翻土板刃部与圆盘间应有2~5mm的间隙，刃部应位于圆盘中心处，各圆盘犁翻土板高度必调整一致。

圆盘犁作业稳定。若出现偏牵引，为使耕幅不增大或减小，可转动悬挂轴和调节尾轮的偏角，这样可使犁稳定的工作。

4. 圆盘犁常见故障及排除

（1）犁不入土。若因圆盘刃口磨钝，应重新磨刃；若因犁太轻，应在犁架上加配重；若因犁圆盘倾角过大，应减小倾角。

（2）圆盘粘土及挂草。主要原因是翻土板调节不当，应重新调节翻土板。

（3）拖拉机转向困难。主要因偏牵引引起，应调节悬挂。

（4）牵引负荷过重。若因圆盘犁幅过大，应调节圆盘犁间距；若圆盘轴承磨损，应换轴承；若因圆盘犁体数过多，应减少犁体；若耕深过大，应减少耕深；若因圆盘犁耕位置不准，应重新调节圆盘间距；若因圆盘刃口磨钝，应重新紧固连接件。

（5）犁与拖拉机连接件松脱。应重新紧固连接件。

三、圆盘耙

20世纪50年代我国开始生产拖拉机牵引圆盘耙，大多为对置式，之后悬挂式圆盘耙有较大的发展。70年代，在原有圆盘耙生产的基础上，统一设计了圆盘耙系列，大多为偏置式，采用矩形钢管整体式刚性耙架，液压操纵和内方孔外球面的滚珠轴承等结构技术。80年代以后，又设计了与大功率拖拉机配套的宽幅高效圆盘耙。

1. 圆盘耙类型及构造

圆盘耙按所适用的土壤种类和耕深的不同可分为重型耙、中型耙、轻型耙；按耙的配置方式可分为对置式圆盘耙和偏置式圆盘耙；按机组挂接方式分为牵引式、悬挂式和半悬挂式。

圆盘耙主要有悬挂架、横梁、刮泥装置、圆盘耙组、耙架、缺口耙组等

组成。工作时，耙片刃口平面垂直于地面，在拖拉机牵引力作用下滚动前进，其回转平面与前进方向成一定角度，称为偏角。偏角越大，入土越好，耙的越深；偏角越小，耙的越浅。圆盘耙片一般分全圆耙片和缺口耙片。全缘耙片工作时边缘刃口切土、切草，圆盘球面具有一定的翻土能力；缺口耙片入土，切土和碎土能力较全缘耙片强，适用于黏重土壤或新垦荒地。一般重型耙片多采用缺口耙片，而轻型耙则采用全缘耙片（图1－4，表1－4）。

2. 主要圆盘耙参数

图1－4　圆盘耙

（引自 www.007swz.com/guolele18/products/turanggengzhengjixie_377753.html）

表1－4　圆盘耙技术参数

技术参数	机具类型				
	16/18 片轻耙	28/30 片轻耙	28/32 片轻耙	偏置重耙	对置重耙
机具型号	1BQX－1.5/1.7	1BQX－2.7	1BJX－2.0/2.2	1BZ－2.5	1BZ－2.6
配套动力（kW）	20～25	55～60	55～60	75	75
连接方式	悬挂	悬挂	悬挂	悬挂	悬挂
配置方式	偏置	偏置	偏置	偏置	偏置
列、组数	2/2	2/4	2/2	2/4	2/4
轴承个数	4	8	6	8	8
耙片组合形式	圆＋圆	圆＋圆	缺＋圆	缺＋缺	缺＋缺
工作宽幅（m）	1.5/1.8	2.7/2.9	2.0/2.2	2.5	2.6
耙深（cm）	10	10	14	18	18

（续表）

技术参数		机具类型				
		16/18 片轻耙	28/30 片轻耙	28/32 片轻耙	偏置重耙	对置重耙
耙片	直径（mm）	460	460	560	660	660
	曲率半径(mm)	600	600	700	750	750
	间距（mm）	200	200	230	230	230
	方孔名义尺寸（mm）	29×29	29×29	33×33	33×33	33×33
	材料	3.5/60Mn	3.5/60Mn	4.0/65Mn	5.0/65Mn	5.0/65Mn
	数量	16/18	28/30	28/32	24	24

3. 圆盘耙的维护保养

作业前，应检查圆盘耙的悬挂架与拖拉机挂接是否牢固，耙片与耙架是否紧固，不得有松动，否则应加固。

作业中，耙片缠草或个别耙片作业不正常，应停机检修并清除耙片上缠草。

作业后，应清除耙片粘附的泥土和缠草，向轴承部位加注润滑脂，检查用65锰钢制成的耙片是否磨损有裂纹，有则应检修更换。

季后不用时，应对耙进行清洗保养，耙片涂上全损耗系统用油（机油）防锈，横梁和悬挂架脱漆部位补刷同颜色防锈漆后，放置在通风、干燥的库内保存，不得与农药、化肥放在一起。

四、旋耕机

1. 旋耕机的分类及构造

旋耕机是指由动力驱动刀辊旋转，对田间土壤实施耕、耙作业的耕耘机械。旋耕机与其他耕作机相比，具有碎土充分、耕后地表平整、减少机组下地次数及充分发挥拖拉机功率等优点。但旋耕机也存在对土壤结构有破坏作用、耕后土壤过分松软及功率消耗较高等缺点。我国自20世纪50年代开始研制和生产与国产拖拉机配套的旋耕机，先后开发了多种系类的旋耕机，目前国产旋耕机配套动力功率范围扩展至0.7～118kW，产品技术水平不断提高。

按旋耕机刀轴的配置不同分卧式和立式两种，卧式的刀轴是水平方向配置，立式的刀轴呈垂直配置；按配套动力可分为拖拉机和手扶拖拉机配套的旋耕机；按与拖拉机连接方式可分为悬挂式和直接连接式两种；按轴传动方式可分为中间传动式和侧边传动式。按侧边传动式中传动结构不同，又可分为侧边齿轮传动式和侧边链条传动式（图1－5，表1－5）。

旋耕机由刀轴、弯刀、支臂、主梁、悬挂架、齿轮箱、传动箱等组成，工作特点主要有：

（1）翻土和碎土能力强，耕作后土壤松碎，地面平整。

（2）一次作业就能达到满足播种的要求。

（3）对肥料和土壤的混合能力强。

（4）简化作业程序，提高土地利用率和工作效率。

（5）作业机具由拖拉机直接驱动，消耗功率高。

（6）覆盖质量差，耕深较浅，不利于消灭杂草。

图1－5　旋耕机

（引自 http：//www. nongji360. com/company/shop8/product_ 3386_ 21672. shtml）

2. 主要旋耕机参数

表1－5　旋耕机基本参数

形式	轻小型				基本型				加强型			
幅宽（cm）	75	100	125	150	125	150	175	200	150	175	200	225
动力（kW）	11～15	11～18	11～18	15～18	18～26	22～37	26～44	37～47	37～40	37～40	40～55	47～59

（续表）

形式		轻小型	基本型	加强型
耕深（cm）	旱耕	8～14	8～16	12～18
	水耕	10～16	10～18	14～20
幅宽质量（kg/m）		150～200	180～260	200～300
刀辊转速（r/min）		150～350	150～350	150～350
作业速度（km/h）		1～4	1～5	2～5
刀辊回转半径（mm）		195，2190，225，245	195，210，225，245，260	225，245，260
相邻切削面间距（mm）/每切削小区内刀数（把）		35～55/1 65～85/2	35～55/1 65～85/2	35～55/1 65～85/2
最终传动形式		侧边齿轮传动 侧边链轮传动	侧边齿轮传动	侧边齿轮传动 中间齿轮传动
与拖拉机连接方式		三点悬挂 直接连接	三点悬挂	三点悬挂

3. 旋耕机的安装及调整

（1）旋耕机的安装方法。安装三点悬挂式旋耕机时，应先切断拖拉机输出轴动力，取下输出轴罩盖，待挂好整机以后，再安装万向节。安装万向节时，先将带有方轴的万向节装入旋耕机传动轴上，再将旋耕机提起，用手转动刀轴看其转动是否灵活，然后把带有方套的万向节套入方轴内，并缩至最小尺寸，以手托住万向节套入拖拉机动力输出轴并固定。安装时应注意使方轴和套的夹叉位于同一平台内。如方向装错，则万向节处发出响声，使旋耕机振动大，并容易引起机件损坏。万向节装好后，应将插销对准花键轴上的凹槽插入并用开口销锁牢。

（2）旋耕机犁刀的安装方法。旋耕机犁刀形式有直犁刀和弯犁刀两种。直犁刀入土阻力小，但翻土性能差，易缠草，故宜用于土质较硬杂草较少的土地上耕作。弯犁刀翻土和碎土性能较好，适用于水田和较潮湿松软的旱熟地上耕作。直犁刀消耗功率小，弯犁刀消耗功率大。

直犁刀的安装没有特殊要求，依次安装在刀轴上即可，安装必须牢固；安装弯犁刀分左、右弯两种。安装时，需根据不同的耕作要求选择安装方法。

①交错装法：左右弯刀在刀轴上交错对称安装，刀轴左、右最外端的一把刀向里弯。这种安装耕后地表平整，适用于平作。

②内装法：左右刀片都朝向刀轴中间弯，这种安装耕后地表在耕幅呈凸起，适用于畦前的耕作。

③外装法：左、右弯刀片都向刀轴两端弯，刀轴中间安装一左、一右的刀片，刀轴左、右最外端的一把刀向里弯。这种安装耕后地表在耕幅中间有一条浅沟。

④安装刀片时应按顺序进行：并注意刀轴旋转方向，防止装错和装反，切忌使刀背入土，以免引起机件损坏。安装后还应全面检查一遍，方可投入作业。

(3) 旋耕机的试耕。试耕的目的是为了进一步检查安装后的技术状态，同时使旋耕机的耕深和碎土性符合农艺要求。试耕前，先将旋耕机稍微升离地面，接合动力输出轴，让旋耕机低速旋转，待一切正常方可投入试耕。试耕时应根据土壤的耕作条件，选择恰当的拖拉机挡位及旋耕速度。耕作时，应先接合动力输出轴使拖拉机工作，然后一面落下旋耕机，一面接合行走离合器，使拖拉机前进，绝对禁止先把旋耕机落到地面，突然接合动力。旋耕机入土应采取拖拉机边走边落下的方法，这样可避免阻力突然增加而损坏机件。

(4) 旋耕机的调整。用万向节传动的的旋耕机，由于受万向节传动时倾斜角的限制，不能提升过高。万向节在传动中的倾斜角如超出30°角，会引起万向节损坏。在传动中，提升旋耕机，必须限制提升高度，一般只要使刀片离地面15～20cm就行了。所以在开始耕作前，应将液压操作手柄限制在允许提升高度内，这样既可提高工效，又能保证安全。

①左右水平调整：将带有旋耕机的拖拉机初停在平坦地面上，降低旋耕机，使刀片距离地面5cm，观察左右刀尖离地高度是否一致，以保证作业中刀轴水平一致，耕深均匀。

②前后水平调整：将旋耕机降到需要的耕深时，观察万向节夹角与旋耕机一轴是否接近水平位置。若万向节夹角过大，可调整上拉杆，使旋耕机处于水平位置。

③提升高度调整：旋耕作业中，万向节夹角不允许大于10°角，地头转

弯时也不准大于30°角。因此，旋耕机的提升，可用螺钉在手柄适当位置限位；使用高度调节的，提升时要特别注意，如需要再升高旋耕机，应切除万向节的动力。

4. 旋耕机的正确使用及维护

（1）旋耕机的正确使用。

①用旋耕机作业的地块：要求土地平整，尽量条田化，要清除地块中的碎石、碎塑料、草绳等杂物，以免缠住或折断旋耕机刀片。

②作业开始：应将旋耕机处于提升状态，先结合动力输出轴，使刀轴转速增至额定转速，然后下降旋耕机，使刀片逐渐入土至所需深度。严禁刀片入土后再结合动力输出轴或急剧下降旋耕机，以免造成刀片弯曲或折断和加重拖拉机的负荷。

③旋耕机在作业中严禁使用高速挡作业：一般用Ⅰ速（3 000m/h）为宜，应尽量低速慢行，这样既可保证作业质量，使土块细碎，又可减轻机件的磨损。要注意倾听旋耕机是否有杂音或金属敲击音，并观察碎土、耕深情况。如有异常应立即停机进行检查，排除后方可继续作业。

④在地头转弯时：禁止作业，应将旋耕机升起，使刀片离开地面，并减小拖拉机油门，以免损坏刀片。提升旋耕机时，万向节运转的倾斜角应小于30°，过大时会产生冲击噪声，使其过早磨损或损坏。

⑤作业中：禁止使用制动器脚踏板进行急速调整机车前进方向，以免出现漏耕现象。

⑥在倒车、过田埂和转移地块时：应将旋耕机提升到最高位置，并切断动力，以免损坏机件。如向远处转移，要用锁定装置将旋耕机固定好。

⑦每个班次作业后：应对旋耕机进行保养。清除刀片上的泥土和杂草，检查各连接件紧固情况，向各润滑油点加注润滑油，并向万向节处加注黄油，以防加重磨损。

（2）旋耕机的维护保养。

①作业前：检查旋耕机安装后各部件的紧固情况，同时检查齿轮或链条传动件是否有卡滞现象，发现问题应及时检修。

②作业中：遇到旋耕机因杂物或草缠住刀片应停机清除。决不可用脚蹬踏强迫反旋转，以免把脚绞伤。正确的方法是把动力输出轴手柄搬到空挡位置，然后用长柄工具清除杂物或草。

③作业后：要及时检查犁刀螺栓的紧固情况，如有松动或折断，应紧固

或更换，以免引起犁刀夹板的损坏。同时要检查犁刀传动箱内齿轮油油面，不足应添加至检油螺孔有油流出为止。若检查传动箱有泥土进入应清洗换油，否则将加速零件磨损。犁刀传动箱进泥水的原因多数是犁刀轴端油封损坏或刀轴径损坏，一经发现，必须立即检修或更换。

④季后不用时：应对旋耕机进行全面清洗、维修保养，并按规定对损坏或磨损的机件进行更换或修理，按产品说明书中规定进行全面保养合格后，放置在通风干燥的库房内保存。

第二章

牧草播种机

第一节 牧草播种机概述

播种机是以一定的播量，将农作物或牧草种子均匀地播入一定深度的种沟，辅以适量的细湿土，同时也可施种肥并适当镇压，有时还喷洒农药和除莠剂，为种子的发芽提供良好条件，提高播种作业的劳动生产率，减轻使用者的劳动强度，保证播种质量。

播种机最早起源于中国，公元前 1 世纪，中国已推广使用耧，这是世界上最早的条播机具，至今仍在北方旱作区应用；1636 年在希腊制成第一台播种机；1830 年俄国人在畜力多铧犁上制成犁播机；1860 年后，英美等国开始大量生产畜力谷物条播机；20 世纪后相继出现了牵引和悬挂式谷物条播机，以及运用气力排种的播种机；20 世纪 50 年代发展精密播种机；60 年代先后研制成悬挂式谷物播种机、离心式播种机、通用机架播种机和气吸式播种机等多种类型，并研制成磨纹式排种器；70 年代，已形成播种中耕通用机和谷物联合播种机两个系列，同时研制成功了精密播种机；70 年代后期，免耕播种机被大量研制和应用。目前，播种机向大型、联合、精密、自动化程度发展。

牧草播种按播种方法可分为撒播机、条播机、穴播机；按动力来源可分为人力播种机、畜力播种机、机力播种机，而机力播种机中，根据和拖拉机不同的连接方式，可分为牵引式、悬挂式和半悬挂式；按播种原理可分为机械式播种机、气力式播种机和离心式播种机。

第二节 牧草播种工艺及要求

一、牧草播种工艺

牧草种植及草地改良机械化作业工艺有很强的针对性，要根据当地的实际情况、选取合适的播种工艺，我国人工种草以紫花苜蓿、沙打旺、披碱草、老芒麦等豆科和禾本科牧草为主，此外，还有大麦、燕麦等，多采用一年生和多年生牧草混播的方法播种，以提高牧草的产量和质量，目前主要采用传统农业耕作工艺、免耕播种工艺、少耕播种、牧草补播工艺、复壮工艺等。

1. 传统农业耕作工艺

传统农业耕作工艺是用铧式犁全部耕翻，以消除草根层及耕松土层，然后用重、轻耙耙地1~2次，使土块充分破碎、地表平整，再用镇压器镇压，使其达到播种牧草作物的整地要求，最后用普通播种机一次完成开沟、施肥、播种和镇压复式作业。由于采用传统的铧式犁进行翻耕，地表植被被完全破坏，土壤抗风蚀、水蚀能力很差，如果没有水源，无法保证及时浇灌，在干旱地区很容易形成新的草地风蚀沙化，采用这种方法建立人工草地必须有灌溉条件。因此，在干旱地区原生草地严禁采用耕翻的方式人工种植牧草。

2. 免耕播种工艺

免耕播种工艺是在未翻耕整地的土地上进行播种，是一种保护性耕作方法，可应用于退化草地或退耕地。要求免耕播种机有较强的切断覆盖物、破茬和破土开沟能力，采用的破茬部件由波纹圆盘刀、平面圆盘刀、凿形铲和窄型锄铲等。采用免耕播种机直接播种，常需配合化学除草剂灭除杂草，视土壤的板结情况进行机械深松，免耕播种是在干旱地区防治风蚀、水蚀最有效的方法。

3. 少耕播种

少耕播种是播种行间的土壤不耕，残茬和土壤保持原状，播种带在播种后进行有效的镇压，这种方法能有效地防治风蚀和水蚀，由于耕作带内土壤经过处理，为种子发芽创造良好的条件，能促进种子正常发芽，带状耕作是典型的少耕工艺，带状耕作的宽度和深度根据土壤情况而定，一般旋耕宽度20~40mm，旋耕深度为20~60mm，采用带状耕播需配合使用化学除草剂灭除杂草，保证牧草的正常生长。

4. 牧草补播工艺

牧草补播工艺是采用牧草补播机在不破坏或少破坏草地原有植被的情况下，在草群中播种一些有价值的、能适应当地自然条件的优质牧草，借以增加草群中优良牧草的种类成分，达到改善牧草品质和提高草地生产力的目的，适用于天然退化草原或退耕地，也适用于亚高山、高山草甸草原的牧草补播。

5. 复壮工艺

复壮工艺是采用浅松机或切割机，在不破坏或少破坏草地原有植被的情况下对草皮进行切根，以改善土壤通气状况，提高土壤透水性和土壤肥力，进而实现草地生产能力的提高。工艺特点一是采用类似无壁型犁刀在羊草地的根茎层切根；二是向上抬土耕作，犁刀耕作时不翻转土垡，但下部已被疏松，从而改善了土壤的透气蓄水条件，达到了植被更新复壮的目的。

二、牧草不同播种类型的一般要求

牧草补播机要根据草地类型、植被及土壤等因素选择不同的配置。在草皮层较厚（20~30cm）但土壤坚实度较低（平均3 139~4 120kPa）的情况下，用免耕圆盘式开沟器配置型可基本满足播种牧草要求。草皮层较薄（10~20cm）但土壤坚实度较大（平均3 924~4 415kPa）、土层较厚的情况下，用免耕圆盘与松土铲间隔配置，可基本满足牧草播种的要求。

羊草退化主要原因是土壤板结，阻止空气进入土层，不利于好气性土壤微生物的活动，必须采用复壮技术进行切根松土，增加与空气的接触面，切根深度一般10~15cm，间隔30~35cm，随机镇压，植被破坏率按常规要求一般不大于30%，作业要求在雨季进行。改良第二年地上部分变形成茂密的草层，参量一般提高30%~50%，最多可增加1倍以上。

免耕播种技术必须使用专业的免耕播种机，用于退化草地、农田、退耕地或撂荒地的饲草种植。第一次免耕播种作业之前，如果过去始终采用浅耕翻作业，需进行深松打破犁底层，保证免耕作业为牧草种子准备好根床和种床，播种要求窄带耕宽 10 ~ 15cm、间隔 30 ~ 35cm。

旋耕少耕播种作业后，耕层土被上下搅动，土壤中的水分极易蒸发，因此在旱地进行少耕播种时必须注意土壤墒情。如果旋耕前土壤含水率低于临界值，就不易采用少耕技术，否则会因为严重失墒，影响出苗。

多年生草地形成以后，一般可利用 4 ~ 5 年，随着草地年龄的增长，土壤坚实度逐年增大，产草量下降，要重新实行一年生作物或多年生牧草混播。

牧草补播机械化工艺技术的应用，应在土壤水分条件良好时进行，或在雨季到来的季节及进行，有条件的地区播后要喷灌 2 ~ 3 次以上。

在退耕地块（撂荒地）或退化严重的地块，如土肥力不够，应施加磷、钾或石灰，豆科类牧草则不能施钾肥，施用钾肥会激起原植被杂草与新播下豆科牧草的竞争。

在未完全建成正常植被前，一定不能放牧或刈割利用，要用围栏保护免耕播种的草地，在第二年建立起新植被后再利用。

多年生牧草的越冬和返青好坏，主要取决于牧草根和根茎中贮藏性营养物质积累的多少，贮藏性营养物质积累主要受最后一次刈割的时期和留茬高度的影响，国内外研究证明，最后一次刈割的适宜时间应在当地初霜期来临之前 1 个月左右，留茬高度一般为 6 ~ 10cm。

越冬前的管护除正确掌握最后一次刈割的时期外，还有施肥和灌水。适量追施草木灰或每亩用厩肥 500 ~ 1 000kg，均可促使牧草安全越冬，结冻前灌少量水，能减少土壤温度变化的幅度，但灌水不要过多，以免增加冻害，在牧草的早青返青期，主要是加强看护，禁止牲畜进入草地。

由于牧草生长多年以后，长期草地往往草皮絮结、株丛稀疏、生产力降低，这样就应该进行松土补播或切根复壮，以恢复和提高草地的生产力。不同种类牧草地的更新方法不同，应灵活掌握。

复壮改良草地，应选择退化草的打籽期进行切根，可有效抑制退化草的频度。

第三节　牧草播种技术要求

一、草种选择原则

1. 草种

建植人工草地要选择合适的草种。任何一种牧草对气候都有一定的适应性，要选择适合本地气候的草种。饲草作物资源十分丰富，应用较多的草种也不过数十种，多数仍处于野生状态或正在引种驯化试验中。苜蓿、三叶草、沙打旺、红豆草、羊草、无芒雀麦、冰草、黑麦草、玉米和燕麦等已进行了品种选育和开发应用。

2. 温度

温度决定着多年生牧草能否安全过冬，也是建植人工草地成败的关键，选择的草种必须适合过冬。

3. 降水量

降水量及其分布。均匀性决定着牧草的栽培方式和生产能力。一般年降水量500mm以上的地区，可采用旱作（不需要灌溉）的方法建植人工草地；年降水量为300~500mm的地区，尽管也可旱作，但产量不稳；年降水量为300mm以下的地区，则需要灌溉条件。

4. 土壤

土壤对建植人工草地的影响不是很严格，因为大多数牧草对土壤都有较宽的适应性。在盐碱地、酸性土壤、沙质地、黏性土壤上，应选择能够抵抗其不利因素的草种。疏松、土层厚、团粒多、肥沃的中性壤土能保障人工草地的高产。

二、牧草的播种技术及方法

1. 播种期

牧草的播种期可分为春播、夏播、秋播，播种前应根据草种的品种、地湿、墒情、生物学特性、土地状况及利用目的等确定播种期，如苜蓿与谷子的播种期应选择在秋季。

2. 播种方式

土地平整度高、表墒良好、面积较大的耕地宜采用机械撒播；按照耕整地要求处理过的各种地块适用于机器条播；人工撒播适用小地块或采取树草间作方式等。

3. 播量

适量播种，既可以做到合理密植，获得优质高产牧草，又能避免下种过多或过少，造成对土地和种子的浪费。播量是根据种子发芽率和生产实践总结出来最佳播种量，实际播种量不宜超过规定播种量的 5%；播量的调节是通过改变排种轮，带转速调节播量的播种机，按具体操作说明调整驱动地轮与排种轮的转动比来调节播量。对于固定传动比的播种机，通过改变排种轮的有效长度来调节播量。

4. 播种深度

播种深度有开沟深度和覆土深度两层含义，平时所说的播种深度是指覆土深度，以上两项要求是播种机的重要指标，是必须达到的，并要求播种后其变异量尽量低。

5. 施肥

播种带施肥时，施肥量不能超过规定数量，并做到施肥均匀，肥料和种子保持适当距离，以防化肥腐蚀种子（表 2－1）。

表 2－1　常见栽培牧草的经验播种量及播种深度

牧草名称	播种量（kg/亩）		播深（cm）	行距（cm）	
	草用	种用		草用	种用
紫花苜蓿	0.75～1	0.25～0.5	2～3	20～30	45～60
草木樨	1.25～1.5	0.25～0.5	2～4	20～30	60
豌豆	—	5～7.5	4～5	30	45～60
胡枝子	1.5～2.5	0.75～1	3～4	20～30	45～60
羊草	2.5～3.5	0.5～0.75	3～5	30	45～60
无芒雀麦	1.5～2	0.5～0.75	2～4	15～30	45～60
扁穗雀麦	2.5～3	1～1.5	2～4	15～30	45～60
披碱草	1.5～2	0.75～1	3～4	15～30	45～60
扁穗冰草	1～1.5	0.5～0.75	2～4	15～30	45
早熟禾	0.4～0.5	0.2～0.3	表播、镇压	15～30	30
苏丹草	1.5～2.5	1～1.5	3～8	15～30	45
胡萝卜	0.75～1.25	—	—	—	—
饲料甜菜	1～1.5	—	2～3	—	45～60
玉米	4～5	3～4	4～5	45×45	70×70
燕麦	—	7.5～12.5	4～5	15～30	30
大麦	—	10～12.5	4～5	15～30	30

第四节　机械播种作业的几种方法

拖拉机牵引播种机作业应因地制宜地选择下列方法。

1. 梭形播种法

机组沿作业区一边象织布梭似地进行播种，在地头做有环节转弯。梭形播种法能保证较高的播种质量，机械磨损均匀，不受地块宽度限制，梭形播种行走方法容易掌握，因此，比较常用。其缺点是需要较宽的地头，地头转弯频繁。

2. 向心、离心播种法

机组沿着作业区一边或中心线入区绕行播种，大多数转弯无环节，驾驶员操作简单，地头宽度较小。其缺点是作业区划分要求精确，否则容易造成重播或漏播，作业区宽度必须是播种机组作业幅宽的整数倍。

3. 套播法

适合于作业区长度较短的地块或垄块播种。机组转弯都无环节，因此，地头宽度较小，工作行程效率低，转弯操作简单。缺点是作业区划分要求准确，否则会产生漏播或重播，行走较乱，不宜掌握。

第五节　牧草播种机具及保养维护

一、主要播种机及参数

条播机是将种子按要求的行距、播量和播深成条的播入土壤中，然后进行覆土镇压的机械。用于不同作物的条播机除采用不同类型的排种器和开沟器外，其结构基本相同，一般由机架、牵引或悬挂装置、种子箱、排种器、传动装置、输种管、开沟器、划行器、行走轮和覆土镇压装置等组成。作业时，由行走轮带动排种轮旋转，种子自种箱内被按要求的播种量排入输种管，并经开沟器落入开好的沟槽内，然后由覆土镇压装置将种子覆盖压实。其中，影响播种质量的主要是排种装置和开沟器。常用的排种器有槽轮式、离心式、磨盘式等类型。开沟器有锄铲式、靴式、滑刀式、单圆盘式和双圆盘式等类型。

1. 2BMC 系列苜蓿精量播种机

该系列机具采用微型控制式密齿排种器，精量播种，最少精播（苜蓿草）可控制在每亩地400g以内，采用钝角锚式开沟器，配有防堵装置，以防开沟器入土时被堵塞；在20行播种机上采用曲面单圆盘开沟器，保证种子播深一致，且播于湿土上，通过性好，对田地适应性广；橡胶轮镇压，效果好，而且不粘土。该播种机除用于播种牧草、油菜等小粒种子外还可播种小麦、大豆等作物（图2－1，表2－2）。

图 2－1 2BMC 系列苜蓿精量播种机

（引自 http：//www. nongjitong. com/product/7686. html）

表 2－2 BMC 系列苜蓿精量播种机技术参数

技术参数	机具型号		
	2BMC－9	2BMC－12	2BMC－20
配套动力（kW）	8. 8～14. 8	14. 7～20. 6	37～58. 8
结构重量（kg）	250	330	780
外形尺寸 长×宽×高 （mm）	1 800×900 ×990	2 230×1 000 ×990	3 200×1 650 ×1 250
工作幅宽（m）	1. 35	1. 8	
工作行数（行）	9、6、4、3（可变）	12、6、4、3（可变）	20（可变）
行距（cm）	15、30、45、60（可调）	15、30、45、60（可调）	15（可调）
排种、肥器型式	微型控制式 密齿外槽轮排种	微型控制式 密齿外槽轮排种	微型控制式 密齿外槽轮排种
肥箱容积（L）	—	99	—
松土铲形式	靴式	靴式	靴式
镇压轮形式	铁芯胶轮	铁芯胶轮	铁芯胶轮
各行排种量一致性 变异系数（%）	12	12	12
种子破损率（%）	2	2	2
作业效率（亩/小时）	≥8	≥10	≥20
播种深度调节范围 （mm）	15～60	15～60	15～60
排种量（kg/亩）	0. 4～6（苜蓿）	0. 4～6（苜蓿）	0. 4～6（苜蓿）

2. premia300/250 机械式条播机

该系列条播机使用均匀的横向种子分配方式，可以带来完美的播种效果。由于条播机上装有螺旋槽，因此即使在坡地上作业，也能确保播种均匀。这些条播机使用方便、实用性强，适用于播种任何类型的种子（图 2 - 2，表 2 - 3）。

图 2 - 2　premia 机械式条播机

（引自 http：//www. nongjitong. com/product/kuen_ premia_ seeder. html）

表 2 - 3　premia 机械式条播机技术参数

技术参数	机具型号					
	PREMIA250			PREMIXA300		
作业宽度（m）	2. 5	2. 5	3. 0	3. 0	3. 0	3. 0
种箱容量（L）	385	385	480	480	480	480
开沟器种类	靴式	单圆盘	靴式	单圆盘	靴式	单圆盘
行数	20	20	20	20	24	24
行距（cm）	12. 5	12. 5	15	15	12. 5	12. 5
地轮数量	2	2	2	2	2	2
轮胎（inch）	6. 00 × 16	6. 00 × 16	6. 00 × 16	6. 00 × 16	6. 00 × 16	6. 00 × 16
覆土弹齿，压力和角度可调	标配	标配	标配	标配	标配	标配
料箱种量监视装置	标配	标配	标配	标配	标配	标配
内槽轮排种器	标配	标配	标配	标配	标配	标配

（续表）

技术参数	机具型号					
	PREMIA250			PREMIXA300		
播种量调节从 1.5kg/hm^2 到 450kg/hm^2	标配	标配	标配	标配	标配	标配
振动式搅拌器	标配	标配	标配	标配	标配	标配
划印器（需要拖拉机 1 个单向液压输出）	配备	配备	配备	配备	配备	配备
除辙器（2 个）	配备	配备	配备	配备	配备	配备
中央曲柄控制播种深度	—	—	配备	配备	配备	配备
开沟器压力中央调整	标配	标配	标配	标配	标配	标配
播种量测式曲柄	标配	标配	标配	标配	标配	标配
播种量测试托盘数量	2	2	2	2	2	2
机器重量（kg）	465	625	495	655	540	700
拖拉机（hp）	70	70	80	80	90	90
工作效率（1 000m^2/h）	20～30	25～35				

3. Kuhn SD 系列气力免耕播种机

参见图 2－3，表 2－4。

图 2－3　Kuhn SD 系列气力免耕播种机

（引自 http：//www.nongjx.com/st9862/product_ 49777.html）

表 2－4　Kuhn SD 系列气力免耕播种机技术参数

技术参数	机具型号			
	SD3000	SD4000	SD4500	FASTLINE6000SD
工作宽幅（m）	3	4	4.5	6
运输宽度（m）	3	3	3	3
行数（行）	18/22	22/26	26	32/38
开沟器压力（kg）	250	250	250	250
行距（m）	16.6　15	18.2　15.4	17.3	18.7/15.8
净重（kg）	3 460　3 720	4 810　5 330	5 380	7 900
前进速度（km/h）	8～15	8～15	8～15	8～15
种箱容积（L）	2 000	2 000	2 000	2 600/3 200
排种系统	气力式 Venta 系统	气力式 Venta 系统	气力式 Venta 系统	气力式 Venta 系统
长度（m）	6.5	7.6	7.6	8.2

4. SPD 系列免耕播种机

SPD 系列免耕播种机适用于各种不同类型的土壤条件，可播种小麦、玉米、黄豆、棉花、杂粮、草种等，播种施肥同时进行。免耕播种机由圆盘刀切割植物梗，随后松土铲进行开沟、松土，排种器将种子播入沟内，土壤闭合，将种子覆盖，然后，镇压轮进一步覆土和压平。种植时只翻动少量土壤，减少土壤水分蒸发和水土流失，提高贮水和保墒能力（图 2－4，表 2－5）。

图 2－4　SPD 系列免耕播种机

（引自 http://www.baldan.com.br）

表 2-5　SPD 系列免耕播种机技术参数

技术参数	机具型号		
	SPD3000	SPD4000	SPD5000
排种器数量（个）	16	20	24
工作宽度（mm）	2 910	3 590	4 270
机器总宽度（mm）	4 210	4 890	5 570
种箱容量（lt）	580	660	740
肥箱容量（lt）	620	710	810
重量（kg）	3 410	3 812	4 223
配套动力（hp）	70 ~ 80	90 ~ 100	105 ~ 110

5. 美诺免耕播种机

参见图 2-5，表 2-6 所示。

图 2-5　美诺免耕播种机

（引自 http://www.nongjitong.com/product/4320.html）

表 2-6　美诺免耕播种机技术参数

技术指标	参数
机器型号	6115
外形尺寸（mm）	4 190 × 3 970 × 2 150
整机质量（kg）	1 973

（续表）

技术指标	参数
配套动力（kW）	55
配套方式	牵引式
行距（cm）	19
行数	15
工作幅宽（m）	2.85
工作效率（hm^2/h）	2.28
播种深度（cm）	0~8
开沟器型式	双圆盘开沟器
镇压轮	零压橡胶镇压轮

6. B－1800 型苜蓿草种籽播种机

B－1800 型苜蓿草种籽播种机能够精量播种，节约种子并提高发芽率。该系列机具结构简单、使用可靠、不易损坏，操作方便，适合于豆科牧草的播种，也可用于草坪的播种（图 2－6，表 2－7）。

图 2－6　B－1800 型苜蓿草种籽播种机

（引自 http：//www.farmers.org.cn）

表 2－7　B－1800 型苜蓿草种籽播种机技术参数

技术指标	参数	
	B－1800	B－3600
行数	10	20
工作宽度（mm）	1 800	3 600
行距（mm）	180	180

（续表）

技术指标	参数	
	B－1800	B－3600
种植深度（mm）	6～25	6～25
机器重量（kg）	480	1200
所需马力（cv）	25	55～70
中箱容量（L）	220	440

7. 几种国产牧草播种机

参见图2－7，表2－8所示。

图2－7　国产牧草播种机

（引自 http：//www. nongjx. com）

表2－8　几种国产牧草播种机参数

技术指标	型号		
	2BM－9型 免耕播种机	2BMG－18型 免耕播种机	9MSB－2.1型 草地联合松播机组
外形尺寸 （长×宽×高）（m）	2.5×2.3×2.5	4.78×4×1.98	2.5×1.45×1.45
整机重量（kg）	1 500	3 750	820
配套动力（kW）	36.8～47.8	58.8～73.5	47.8～58.8
工作幅宽（m）	1.8	3.6	2.1
工作行数	9	18	6
生产率（hm^2/h）	0.6～1	1.8～3	1～1.2
松土深度（mm）	60～100	10～70	100～250
排种器形式	大外槽轮 小外槽轮	控制式密齿型 外槽轮	外槽轮、搅动式
松土铲形式	圆盘刀	直面单元盘	凿型、无壁犁刀
挂接形式	牵引式	牵引式	后悬挂

二、播种机正确使用及维护

1. 机械播种作业的注意事项

（1）工作前要认真准备。

①工作前应保养好播种机，检查排种部件有无缺损、排种盒内有无异物，并给需注油部件注油，丢失或损坏的零件要及时补充、更换和修复，但不可向齿轮、链条上涂油，以免粘满泥土、增加磨损，同时备足易损机械部件，以免耽误播种贻误农时。

②检查播种机与拖拉机连接是否牢固，种肥箱内是否有杂物、种子内是否有杂质，开沟器、覆土器、镇压轮是否工作完好，如有问题应及时解决。

③按播种要求调整好播量、行距、播深，保证排种轮工作长度相等，排量一致，播量调整机构灵活，不得有滑动和空移现象。

④种箱、肥箱装好种子和肥料，种子必须干燥干净，不要夹杂秸秆和石块等杂物，以免堵塞排种口，影响播种质量。精量播种时，种子应严格挑选，做好单口流量试验，确保播种量准确。

（2）播种前，应检查地块情况。做到心中有数，在地头两端划出清晰的地头线，作为开沟器起落的标志。作业时，行程要直，特别是第一行，最好插上标杆，当土壤相对含水率70%时，应停止作业，待播的种子和肥料放在地头适当位置，以减少添料和加肥时间。作业时的注意要点如下。

①播种机与拖拉机挂接后，不得倾斜，工作时应使机架前后呈水平状态。

②按使用说明书的规定和农艺要求，调整好播种量、开沟器行距、覆土镇压轮的深浅等。

③选择好开播地点（一般在一块地边），要在驾驶员的视线范围内插好标杆或找好标志，力求开直，便于以后用机械进行中耕作业。播种的行走路线，一般采用菱形播法。

④试播是为保证播种质量，在进行大面积播种前，一定要坚持试播20m，观察播种机的工作情况，请农机人员、农民等检测会诊，确认符合当地的农艺要求，发现问题及时调整，直至满足要求，再进行大面积播种，目的是保证播种质量。

⑤播种机作业时，首先横播地头，以免将地头轧硬。机手选择作业行走

的路线，应保证加种和机械进出的方便。播种时要注意匀速直线前行，不能忽快、忽慢或中途停车，以免重播、漏播。为防止开沟器堵塞，播种机的升降要在行进中操作，播种机未提起，严禁倒退和转弯，否则开沟器易堵塞损坏并造成缺苗断垄。

⑥播种时，应经常观察排种器、排肥器和传动机构的工作情况，特别要注意排种器是否排种，输种管有无堵塞；种箱中是否有足够的种子。如果发生故障，应立即停车排除，以免断条、缺苗。

⑦经常观察和检查开沟器、覆土器、镇压器的工作情况，如开沟器和覆土器是否缠草和壅土，开沟深度是否一致和合适，以及种子覆盖是否良好等。

⑧在播种时要把握好播种、转弯、作业等事项，播种机械在作业时要尽量避免停车，必须停车时，为了防止“断条”现象，应将播种机升起，后退一段距离，再进行播种。下降播种机时，要使拖拉机在缓慢行进中进行。

⑨作业时种子箱内的种子不得少于种子箱容积的1/5；运输或转移地块时，种子箱内不得装有种子，更不能压装其他重物。

⑩作业中注意安全，防止发生安全事故，作业中需检修机具和清理杂物应在机组停车放稳的情况下进行。停车进行调整时，应切断机器动力。机器在作业状态中，不准倒退或转弯。机组转弯之前或长距离运输时，应将播种机升起，切断排种器动力。

⑪地头转弯时，应将播种机悬起或把开沟器及土壤工作部件升起，切断排种器和排肥器的动力，并升起划行器。

⑫地块转移时，必须将播种机提升到运输状态，并用锁固定，停止作业，播种机应着地。

⑬播种拌有农药的种子时，播种人员要戴好手套、口罩、风镜等防护工具。剩余种子要及时妥善处理，不得随处乱倒或乱丢，以免污染环境和对人畜造成危害。

（3）工作后的注意要点。

①播完一种种子，要清理种箱内剩余种子，严防种子混杂及种子不同而造成排种器故障。

②化学肥料多数对金属有腐蚀作用，因此，肥箱使用后应及时清理，以免锈蚀。

③每工作10h，应检查机具的各紧固件，并向轴承注油嘴、链条等部位加注润滑油。

④每班作业后，要及时清理开沟器、镇压器、地轮等部位的泥土、秸秆及杂草。

⑤季后不用时，应对机器进行全面保养，把播种机清洗干净，给链条等部件涂黄油防止生锈并更换机件，保养合格后放置在库房内保管。

⑥每班工作前后和工作中，应将各部位的泥土清理干净，特别注意清除传动系统上的泥土、油污。

2. 安全规则

（1）严禁在播种作业时进行调整、修理和润滑工作。

（2）带有座位或踏板的悬挂播种机，在作业时可以站人或坐人，但升起、转弯或运输时禁止站人或坐人。

（3）开沟器入土后不准倒退或急转弯，以免损坏机器。

（4）不准在左右划印器下站人和在机组前来回走动，以免发生人身事故。

（5）工作部件和传动部件粘土或缠草过多时，必须停车清理，严禁在作业中用手清理。

（6）播拌药种子时，工作人员应戴风镜、口罩与手套等防护用具。播后剩余种子要妥善处理，严禁食用，以防人畜中毒。

（7）夜间播种必须有良好的照明设备。

（8）严禁开沟器和划线器在土中，尚在工作状态时转弯或倒退。当播种机驶出地头线时，应将播种机升起后才可平稳转弯。

（9）严禁在播种机提升状态下调整或排除故障，或添加种子和肥料。

（10）作业时，如遇到石头等障碍物，应及时停机排除故障，严禁强制通过。

3. 播种机的维护保养

（1）彻底清扫播种机上的尘垢，清洁种子箱内的种子和肥料箱内的肥料。

（2）检查播种机是否有损坏和磨损的零件，必要时可更换或修复，如有脱漆的地方应重新涂漆。

（3）新播种机在使用后，如选用圆盘式开沟器，应将开沟器卸下，用柴油或汽油将外锥体、圆盘毂及油毡等洗净，涂上黄油再安装好。如有变形，应予以调平。如圆盘聚点间隙过大，可采用减小内外锥体间的调节垫片的办法调整。

（4）将土壤工作部件（如开沟器、筑畦器等）清理干净后，涂上黄油或废机油，以免生锈。

（5）播种机应存放在干燥、通风的库房或棚内，避免露天存放。存放时应将机架支撑牢靠，开沟器、覆土器应用板垫起，不要直接与地面接触。

（6）播种机上橡胶或塑料的输种管、输肥管等应取下擦干净后捆好，装入箱内或上架保管。可在管内灌入沙子或塞入干草等，避免挤压、折叠变形。

（7）开沟器上的加压弹簧应放松，保持在自由状态。

（8）播种机须放在农具库或棚内。如果在露天保管时，则木制种子箱必须有遮盖物，播种机两轮应垫起。机架亦应垫起以防变形。备品、零件及工具应交库保存。

4. 机械常见故障与维修

参见表 2 –9 所示。

表 2 –9　播种机常见故障及解决方案

序号	故障	原因	解决方案
1	整体排种器不排种	种子箱有可能缺种子、传动机构不工作、驱动轮滑移不转动	加满种子，检修、调整传动机构，排除驱动轮滑移因素
2	个别排种器不工作	个别排种盒内种子棚架或排种器口被杂物堵塞	应换用清洁的种子；排种轴与个别排种槽轮的连接销折断，应更换销子；个别排种盒插板未拉开，应拉开插板
3	播种器排种，但个别种沟内没有种子	开沟或输种堵塞	应清理堵塞物，并采取相应措施防止杂物落进开沟器
4	排种不停，失去控制	离合撑杆的分离销脱落或分离间隙太小	应重新装上销子并加以锁定，或调整分离间隙
5	播种时断时续，播种不均	传动齿轮啮合间隙过大，齿轮打滑	应进行调整，离合器弹簧力太弱，齿轮打滑，应调整或更换弹簧
6	播种量不均匀	作业速度变化大，刮种舌严重磨损，外槽轮卡箍松动、工作幅度变化	保持匀速作业；更换刮种舌；调整外槽轮工作长度，固定好卡箍

（续表）

序号	故障	原因	解决方案
7	种子破碎率高	作业速度过快，使传动速度过高；排种装置损坏；排种轮尺寸、形状不适应；刮种舌离排种轮太近	降低速度并匀速作业，更换排种装置，换用合适的排种轮（盘），调整好刮种舌与排种轮之间的距离
8	播种时深度不够	开沟器弹簧压力不足；开沟器拉杆变形，使入土角变小	调紧弹簧，增加开沟器压力；校正开沟器拉杆，增大入土角度
9	开沟器堵塞	精播机落地过猛，土壤太湿，开沟器入土后倒车	停车清除堵塞物，注意适墒播种，作业中禁止倒车
10	覆土不严	覆土板角度不对，开沟器弹簧压力不足，土壤太硬	正确调整覆土板角度；调整弹簧，增加开沟器压力；增加播种机配重
11	地轮滑移率大	播种机前后不平；传动机构阻卡；液压操纵手柄在中立位置	调整拖拉机拉杆长度；消除阻卡；将液压操纵手柄置于浮动位置
12	播种深度不符合农艺要求	只要是机具使用时间过长，机件磨损严重所致，如开沟器磨损后入土困难，开出的沟变浅；覆土板磨损后，覆土量减少，覆土厚度小而播种深度浅；深浅调节丝杠和调节螺母磨损严重而乱扣，工作中受到受到震动便自行退扣改变调整深度；拉力弹簧减弱后，覆土量减少，播种深度也随之变浅	作业前应认真检修，对上述各零部件的磨损程度做好鉴定

5. 气力播种机排种不稳定常见故障的原因

（1）吸气管路破损，如漏洞、接头连接松动、裂纹等，使气压下降，气息力减小，种子没吸住，致使一部分或全部漏播，个别垄行播量减少或漏播。

（2）吸气胶管质量差、老化变质，或因保管不当而产生破损、漏洞、裂纹，或内层产生脱离层而使气流阻力加大，造成气压降低，不宜吸附种子，致使排种量减少或完全漏播。

（3）吸风机两侧轴承磨损严重或年久失修或长期缺油，造成阻力增大、转速下降、气流和气压不足、种子难以吸附在排种盘上，这种现象多发生在整机播量不足或完全漏播。

（4）主机（拖拉机）转速降低，或动力输出轴出现故障，导致风机转速下降而气流不足。

（5）传动系统，如三角传动带陈旧、磨损严重、拉长、松弛等造成风机转速下降。

（6）排种盘因保管安装不当而产生变形、锈蚀或种室变形等使排种盘与种室接触不严密，产生漏气，种子一部分或全部不被吸附。

（7）种子清洗不好，混有杂物，将排种盘孔眼堵死，造成漏播种。

（8）选用的排种盘型号不当，孔眼（或条孔）过小、气流吸力过小，不能吸附种子或吸量少而产生漏播或播量不足。

第六节　机械播种牧草与农艺配套技术

采用机械播种牧草和农艺配套技术相结合时，注意以下几个问题。

第一，注重牧草品种选择。我国地域辽阔，机播牧草品种繁多。近年来又相继从国外引进、试验、推广了一系列高营养、高产量的牧草。但是同样品种牧草在不同地区、不同条件下，其农艺生长特性、营养利用价值差异很大。为此，在机播品种上宜坚持信息与科技相结合、试验与推广相结合，对经过引种试验、适合当地农艺技术要求和畜群结构的优良牧草品种，应作为首选品种，并应加大宣传力度，向规模化、专业化推进。

第二，种植牧草要合理配置。农牧民可根据草原生态环境和草地利用现状，对退化草场进行人工改良，对撂荒地进行人工草场建设，除尽量选用先进成熟的优良草种外，还应兼顾多年生牧草与一年生牧草、禾本科牧草与豆科牧草合理配置的栽培模式，使牧草业从粗放种植模式向高效种植模式转变，增强草场建设的科技含量，以提高牧草的生产能力和供应能力，促进畜牧业持续稳定发展。

第三，实施牧草科学栽培。优良牧草品种基本具有适宜性广、容易栽培管理的特性，但是机播优良牧草品种也会遇到“挑剔”和“娇气”的品种。如聚合草和鲁梅克斯 K－1 对水肥要求较高，若把他们栽培在瘠薄的土壤中就会出现在生长不良、产草量低的情况，甚至死亡。鲁梅克斯 K－1 在北方春季产量较高，在南方则适宜于秋播；水肥条件较好的地方，可常年四季供草。因此，机械种植牧草要实现当年栽植、当年利用、当年见效，低成本、高产出的种草目标，必须从当地农业要求实际出发，适时播种、合理施肥、科学栽培。

第四，应用机械化草原改良工艺。具体工艺分为以下三类。

（1）人工草场机械化工艺。选定较适宜的地块，利用较先进的农艺措施，实行精耕细作，建立稳产、高产的割草地和放牧地，从根本上进行改良。建立人工草场首先必须将草原地全部彻底耕翻，并充分利用机械破碎、地表平整，使其达到机械播种牧草的要求。主要作业包括耕、耙、播、施肥、镇压、中耕、灌水等。在人工草场建设中，除牧草播种机特殊要求外，其余作业机具可采用传统使用的农业机械。

(2) 草原松土补播（施肥）机械化工艺。草原补播实际是一种少耕、免耕法播种，在机械松土的同时补播一些耐旱、耐寒、抗风能力强、草产量高的牧草种籽，增加天然草场优良牧草植被成分，从而使天然草场逐渐达到恢复，提高草原生产力。草原松土补播应在土壤较肥沃、具有一定灌溉条件或年降水量较好的地区，在干旱地区补播的效果不太明显。

(3) 浅松耕机械化工艺。浅松耕作业是不破坏植被的前提下，由机械耕作部件进行草场底层松土，以改善土壤的透气、蓄水条件，一些盘根错节的草根切断后，使剩余的草根更能充分吸收养分与光照，生长更加茁壮。

草场施肥机械

第一节　草场施肥机械概述

施肥机械是指在地表、土壤或作物的一定部位施放肥料的农业机械。施肥机按当地农艺要求，将化肥用撒施、条施、穴施等不同的方式，施入农田和草场，以供农作物和牧草生长期对化肥的需要，使用机械施肥既可以减轻劳动强度，又可以提高工作效率，施肥方式有以下几种。

1. 基肥撒施机械

（1）厩肥撒布机。一般是运肥、撒肥兼用，在厩肥运输车的尾端安装一个或数个撒肥轮，并在车厢底部装设水平输送链。作业时，输送链将厩肥不断地向车尾输送，撒肥轮将厩肥撕碎成小块，并均匀地抛撒在田面上。在随后的耕地作业中，厩肥随土垡翻转混和埋入土层。

（2）化肥撒布机。其结构形式有离心式和扇形振动式等。前者与播种用的撒播机基本相同，后者的撒肥部件是一个作扇形往复摆动同时振动的撒肥管，其结构简单，使用也广，在撒布易结块的化肥或石灰时，化学撒布机的肥箱底部常放置筛网，以提高施撒质量和均匀度。

（3）厩液或液氨洒施机。一般是运肥、施肥兼用，施肥部件由凿形开沟器及输肥管组成，附装在运输厩肥罐车或加压液氨罐车的后部。作业时，厩液或液氨通过输肥管注入由开沟器疏松的土壤中，随后被回落的土壤覆盖，以防止液肥挥发而损失肥效。

2. 种肥施播机械

可在播种的同时施放化肥，根据种子在发芽期对肥料的需要及肥料对种子发芽率的影响，有时将化肥与种子施入同一种子沟中，称同位施肥。有时将化肥施放在种子的侧下方，称侧位深施。在谷物条播机上加装施肥装置，即成为能同时施种肥的谷物联合施肥播种机。一般采用同位施肥，但应使种子与肥料间隔一薄土层，以免影响种子发芽。施肥装置可采用星轮式、搅龙式或滚筒上排式排肥器，以及具有播种及施肥两个导管的靴式、铲锄式或圆盘式联合开沟器。

3. 中耕作物施肥播种机

在中耕作物播种机上加装施肥装置组成，多采用侧位深施，以便于作物根系吸收，而又不影响种子发芽。在施用吸湿性强、易结块的化肥时采用振动式排肥器或搅刀拨轮式排肥装置；在施用流动性较好的化肥时，采用转盘式或搅龙式排肥器，并装备锄铲式或双圆盘式施肥开沟器，以便从排肥器排出的化肥能经输肥管施入种子下面的土层。

4. 追肥施布机械

在作物生长期间进行施肥的机械，由中耕机上加装施肥装置组成。在中耕除草的同时进行侧位深施化肥或液肥时，利用中耕机的松土工作部件开沟，由输肥管将排肥器排出的肥料施入土中。追施化肥用的排肥器的形式同中耕作物播种机上的排肥器相同。也可采用喷灌设备、植物保护机械或农用飞机上的喷洒部件将液肥、化肥溶液进行根外追肥。

第二节　草场施肥主要机具

一、厩肥抛撒机

1. 厩肥抛撒机结构

厩肥也称圈肥、栏肥，是牛粪、马粪、猪粪、羊粪、禽粪和各种垫圈材料（草、土、秸秆等）等经过堆积发酵腐熟而成，是有机肥的一种。厩肥效持久均衡，可改善土壤结构，提高土壤肥力，它既能改善土壤物理性和化学性生物活性，又能使土壤中水、肥、气达到协调，特别是对发展有机农业、绿色农业和无公害农业有着重要意义。目前国内厩肥在田间的抛撒作业还处于人工作业的阶段，存在着运输不方便、抛撒效率低、抛撒不均匀、劳动强度大等弊端。采用运、撒结合方式撒施厩（堆）肥的施肥机具。厩肥撒施机按撒肥工作原理分为螺旋式和甩链式两种。作业时，由拖拉机动力输出轴通过传动机构驱动箱底部的输送链或隔板将厩（堆）肥整梯运送至后部，再由一对旋转的撒肥部件进行撒布。甩链式厩肥撒施机的肥箱为一侧面开口的卧式圆筒，其中装有甩肥装置。工作时，带有甩锤的甩肥链旋转破碎厩（堆）肥，并将其从侧方甩出。这种撒施机除用固体厩（堆）肥外，还可以撒施粪浆。厩肥撒施机主要参数的推荐值为：装载量 Qp =3 ~4t，工作宽幅 Bp =4 ~8m，机组作业速度 Vm =6 ~12km/h（图 3 –1）。

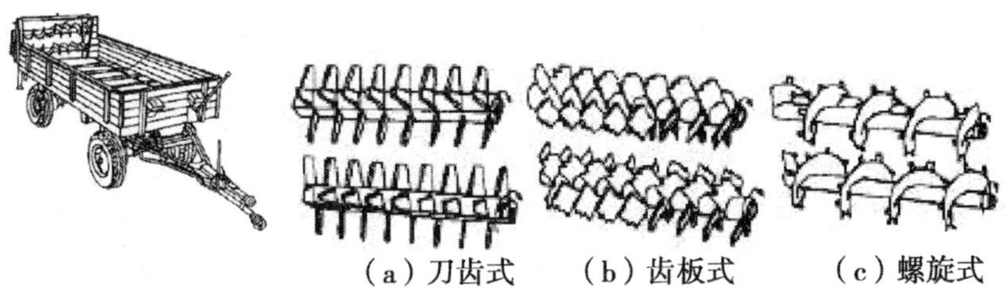

图 3 –1　螺旋撒肥滚筒式厩肥撒施机及击肥辊

厩肥撒施机一般为车厢式，箱壁倾斜度成 45° ~60°，前后壁做成垂直的。为把肥料送至撒肥滚筒，箱底有输送带。送肥装置最常用的是链板式输送器，也有采用液力式输送装置。撒肥装置的击肥辊有多种型式，水平辊多用于窄幅撒肥机，垂直击肥辊多用于宽幅撒肥机。

2. TMS10700 厩肥抛撒机

参见图 3 –2，表 3 –1 所示。

图 3 –2　TMS10700 厩肥抛撒机

（引自 http：//www. shanghai – star. com/Product. aspx？ id =15）

表 3－1　TMS10700 厩肥抛撒机参数

技术参数		型号 TMS10700	型号 TMS6700
安装方式		牵引	牵引
破碎形式		横 2 段破碎	横 2 段破碎
最大装卸重量（kg）		8 600	5 400
最大装卸容量（m^3）		10.7	6.7
机体尺寸	全长（cm）	725	580
	全幅（cm）	290	270
	作业速度	240	225
重量	（kg）	2 800	2 130
车台尺寸	长度（cm）	530	384
	宽度（cm）	185	185
	高度（cm）	75	62
离地高	侧板（cm）	160	134
驱动方式		PTO540rpm	PTO540rpm
传送带速度	变速挡数	5	5
性能	散布宽度（m）	3	3
	工作速度（km/h）	3～7	3～7
	散布量（kg/are）	1 200～6 667	1 200～6 667
轮胎	轮距（cm）	248	240
	尺寸（代号）	16/70－20－12PR	11L－15－8PR
	直径（cm）×宽度（cm）	108×42	78×30
适应拖拉机	kW（ps）	59～92（80～125）	37～66（50～90）

3. 厩肥抛撒机维护和保养

（1）工作前的检查。

①检查拖拉机的牵引臂和作业机的挂钩环，确认用拖拉机的附属销连接，并用环销等做防脱。

②确认万向联轴器的防脱锁紧销装进在 PTO 轴和 PIC 轴的轴槽内。

③确认螺栓、螺母是否有松动，特别是轮毂螺母，发现螺母松动要及时

拧紧。轮胎是否有裂缝、损坏，发现问题，要及时更换部件，轮胎空气压力是否适当，发现问题及时补充空气。

④检查底板输送器链条、驱动用辊子链张紧是否适当，发现问题，要及时解除。

⑤发现损坏部件，要及时更换，各部分加油充足。

（2）工作中的注意。

①工作中，不准接触靠近拍打器，以防止被卷入而发生危险。

②在堆肥中，如有石子、木片、冰块等，由于拍打器而飞散会发生驾驶员和周围的人受伤，一定认真检查，不要混入。

③动力栏板的升降中，如不注意身体进入，会被栏板及升降臂夹入而发生危险，不要靠近。

④如超出作业机指定的 PTO 转速进行工作，会造成机器的损害，而机器损坏会发生伤害事故，如作业机上载人，坠落会发生意想不到的伤害事故，所以在作业中不要载人。

⑤在机器运转中请不要打开罩盖，进行机器的调整和清除杂物时，如不切断 PTO 和不停止引擎作业，由于第三者的不注意，突然作业机被驱动，会引起意想不到的伤害，必须切断 PTO、停止引擎，确认回转部和可动部停止之后再进行。

（3）作业后的保养。

①残留在机器上的厩肥，应在田间清除干净，特别是缠绕在旋转部上的草和绳子等。因会损伤密封、轴承等，完全清除。

②确认螺栓、螺母、销类是否松动，脱落等确认是否有损坏部品，如有异常，将螺栓、螺母拧紧，有损坏及时更换。

③各回转部、支点部及万向联轴器的锁紧销注油，PTO 轴、PIC 轴、万向联轴器花键部等，为了防止生锈，涂上润滑脂。

④从拖拉机上拆卸时，请停止拖拉机的引擎，挂上停车刹车，并将作业机的车轮做好固定，从 PTO 轴上摘下万向联轴器时，将联轴器托架竖起，搁上万向联轴器。

⑤安装动力栏板装置的情况，请将动力栏板下限为止作降下，锁上拖拉机的外部油压线路，从联轴器部（快速接头部）做分开，分开后，请捆扎好油压软管，挂在软管架上。

⑥竖起作业机的支撑架，挂钩环从拖拉机的牵引架上浮起为止旋转支撑架旋柄。摘下牵引销的防脱销，拔出牵引销。起动拖拉机引擎，平稳前进，

从牵引架上解开挂钩销，将摘下的牵引销和防脱销一起做好保管。

⑦将机器各部分清扫干净，放在通风良好的室内保管，如在屋外保管，一定要盖上罩布。

4. 厩肥抛撒机主要故障及排除

（1）底板输送器不动：主要原因是保险螺栓的切断、齿轮轴损坏、棘轮关系的调整不良或者损伤、输送器链条的损坏或脱落。

（2）齿轮箱的异常发热：齿轮油不足或者轴承、齿轮、轴损坏。

（3）机体挪晃：左右的轮胎空气压力不平衡、车轮螺母松动、轮毂轴承磨损。

（4）拍打器不旋转：辊子链脱落、辊子链的张紧松。

二、化肥撒施机

1. 化肥撒施机结构

将化肥撒施在土壤表面的施肥机具。撒施化肥主要用作基肥，也可用作施追肥。离心式撒肥机结构简单、质量轻、撒施宽度大、生产效率高、均匀度不超过16%，应用广泛。离心式撒肥机结构见如下图3－3，工作时由拖拉机动力输出轴或由液压马达带动驱动撒肥盘的同时，并经曲柄连杆机构和摇臂及万向联轴器使肥箱振动，避免肥料架空。在肥箱前后壁装有往复运动防架空装置。分肥装置由两个活门组成，用来改变前后缝隙高度。活门的位置由手柄和扇形齿板固定。锯齿形排肥板沿肥箱底完成从一个排肥缝隙到另一个缝隙摆动，从而使肥料通过缝隙排除，落到高速旋转撒肥盘上，经推肥板撒布于田间。撒肥机除能撒施化肥外并可撒播小粒作物种子，如苜蓿等，离心式撒肥机的推荐直径350～700mm，转速540r/min，撒肥宽度4～12m，单叶轮撒肥机的配套拖拉机功率为18～22kW，机组行进速度9～12km/h，撒肥的均匀度与排肥扣形状及其撒肥半径的大小，以及推肥板的形状及其在撒肥盘上的位置（即与半径线交角）等因素密切相关。离心式撒肥机在一趟作业中撒下的化肥沿纵向与横向分布都不是很均匀的，一般通过重叠作业面积来改善其均匀性。此外，还可以通过将撒肥盘上相邻叶片制成不同形状或倾角使叶片撒出的肥料远近不等或分布各异，以改善其分布均匀性（图3－3）。

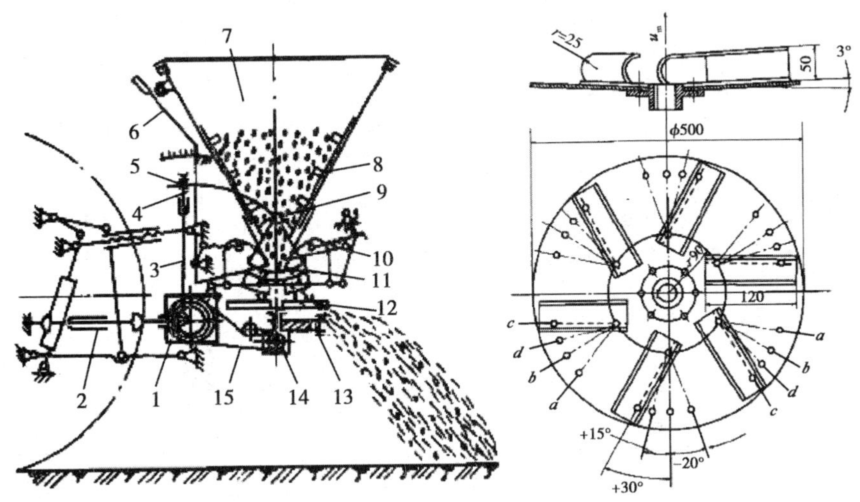

图 3－3　离心式撒肥机及撒肥盘

1. 主减速器；2. 万向联轴器；3. 曲柄连杆机构；4. 摇臂；5. 万向联轴器；6. 手柄；7. 肥箱；8. 防架空装置；9. 振动轴；10. 分肥装置；11. 排肥板；12. 撒肥盘；13. 牵引板；14. 锥齿轮；15. 链传动

2. 主要撒肥机参数

(1) 美诺1500撒肥机。见图3－4，表3－2所示。

图 3－4　美诺 1500 撒肥机

（引自 http：//www. nongjitong. com/product/4131. html）

表 3-2　美诺 1500 撒肥机主要技术参数

技术指标	参数
配套动力（hp）	80
漏斗容量（L）	1 500
撒肥宽度（m）	12~36
重量（kg）	323
装载长度（cm）	105
装载宽度（cm）	181
总长度（cm）	130
总宽度（cm）	230
总高度（cm）	116

（2）SP 系列双圆盘撒肥机。见图 3-5，表 3-3 所示。

图 3-5　伊诺罗斯 SP 系列双圆盘撒肥机

（引自 http：//www. enorossi. com/productview. aspx？Type = 2&id = 32）

表 3-3　SP 系列双圆盘撒肥机技术参数

技术指标	参数	
	Sp-500 单元盘撒肥机	SP-1000 双圆盘撒肥机
外形尺寸（cm）	—	223×110×110
配套动力（hp）	≥20 马力	≥30 马力
工作幅宽（m）	6~18	12~24
搅拌器转速（r/min）	105	105
开闭器控制	液压	液压
开闭器	尼龙	尼龙

（续表）

技术指标	参数	
	Sp－500 单元盘撒肥机	SP－1000 双圆盘撒肥机
料斗容积（L）	550	1 000
撒播盘转速（r/min）	750	750
撒播盘（个）	1	2
动力输出轴转速（r/min）	540	540
搅拌器转速（r/min）	165	165
传动齿轮箱（个）	2	4
工作速度（km/h）	4～16	4～16

3. 化肥撒施机维护和保养

（1）工作前的检查。

①在平坦地、坚硬的地方进行安检，确保拖拉机引擎熄火或挂上停车挡进行；如在坡道、凸凹不平地面或软弱地、不熄火等进行，拖拉机和作业机意想不到的动作，会引起事故的发生。

②确认上下连接销的β销、环销是否插入，校对链是否张紧。

③万向联轴器的带销叉形件的防脱锁紧销是否装入在轴槽内，安全罩壳上的链条是否固定好，安全罩壳是否损坏，有损坏的要及时更换。

（2）工作中的注意事项。

①工作中，不要靠近和接触旋转器，如接触旋转器，会被卷入而导致伤害。

②如超出作业机指定的 PTO 转速进行作业，会造成机器的损坏。

③不准在作业机上进行载人或载物，在坡道速度过快会发生乱跑事故。

④在暖房等室内作业时，由于排除的废气会造成中毒事故，请打开门窗充分换气。

⑤散布作业中，有飞散物打中而受伤之事，周围的人勿靠近，运转中或回转中，如手进入喷口摇动部被敲会发生受伤，请周围人勿靠近。

（3）作业后的保养。

①确认螺母、螺栓、销子等是否有松动、脱落，确认是否有部件破损；如有异常，请增加拧紧螺栓，做部品的修补或更换。

②作业结束后，请用水清洗干净，特别是底板和闸门之间，洗完后，料

斗内的水流干净为止，打开闸门。

③为防止树脂等老化，在不作业的时候，将机器保管在屋内等晒不到太阳的地方。

④拔出环销和销，慢慢地向后翻到料斗，如果料斗返回，在机架上插上销，再插上环销。在强风时，不要翻转料斗，作业机的翻到，容易造成伤害。

⑤长期保养时将机器各部分清扫干净，磨损的部分，进行更换，对各回转部、支点及万向联轴器的锁紧销注油，在 PTO 轴、PIC 轴、万向联轴器的花键上涂上润滑脂，收藏在通风良好的室内，料斗不要翻转作保管。

4. 化肥撒施机作业要领

（1）肥料的投入。为防止移动中的振动而凝结成块，肥料的投入请在田地之后进行。在作业之前要考虑到料斗的容量和撒布量，如预先在田地的各处放置肥料，能高效率的作业。

（2）撒布的方法

①1 次撒布：用拖拉机的行走间隔撒布有效撒布宽度。粒状肥料撒布的情况，因难以知道撒布区域所以把目标放在拖拉机车轮印迹进行撒布（图3－6）。

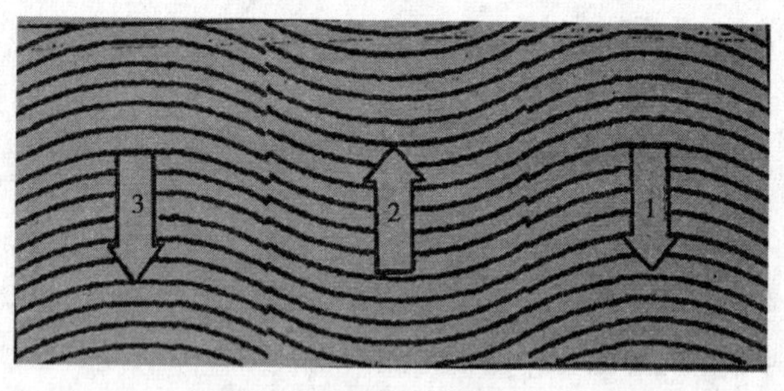

图3－6　1 次撒布

②2 次撒布：第一次撒布用上述方法进行，第二次的作业拖拉机的中心要在第一次撒布的中间来撒布。因以（1 亩≈667 平方米，1 公顷＝15 亩，全书同。）平均撒布量的 1/2 调节作 2 次撒布，所以比 1 次撒布的均匀性要高，但是效率低（图 3－7）。

③十字形撒布：见图 3－8 所示。有效撒布宽度用纵、横十字形撒布方

法，比上述的2次撒布的均匀还要高。

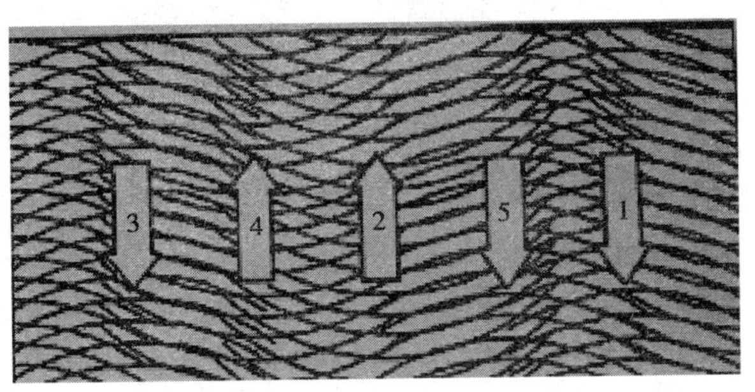

图3-7　2次撒布

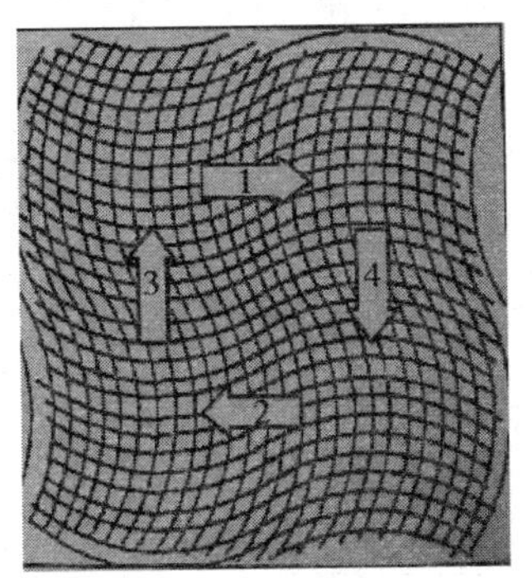

图3-8　十字撒布

三、耕作施肥联合机组

1. 耕作施肥联合机组结构

目前播种机大多数配备有施种肥装置，用于种子肥料混施的机器将化肥与种子排入同一输种管中，施用同一开沟器所开的沟底，用于侧深施肥的机器是将化肥施在种子的侧方5cm、下方3～5cm处，一般是在播种机上采用单独的输肥管与施肥开沟器，这样就使播种机，特别是谷物条播机的结构变得相当复杂。

（1）Great plains 1006NT 牧草免耕播种机（图3-9，表3-4）。

图3-9　Great plains 大平原 1006NT 牧草免耕播种机
（引自 http：//www. greatplainsag. com）

表3-4　Great plains 1006NT 牧草免耕播种机技术参数

技术指标	参数
型号	1006NT
行距（cm）	7～1/2″（19. 05cm）
动力配备（hp）	70
工作宽度（m）	3
主种箱容量（L）	880. 95
小粒种种箱（L）	84. 57
天然牧草种箱（L）	352. 38

（2）库恩 Maxima 2 悬挂式气力播种机（单杆）。见图3-10、表3-5所示。

图3-10　库恩 Maxima 2 悬挂式气力播种机
（引自 http：//www. kuhn. cn/）

表 3－5 库恩 Maxima 2 悬挂式气力播种机技术参数

技术指标	参数	
	Maxima 2 单杆 250～440	Maxima 2 单杆 500～900
机架种类	单杆式	单杆式
工作位置时机架宽度（m）	2.50～4.40	5～9
运输状态时机架宽度（m）	2.50～4.40	5～9
播种机行数	4～11	8～18
行距（cm）	37.5～80	37.5～80
种箱容量（L）	52	52
撒肥机	2 个 190L 或 2 个 280L 或 1 个 950L（根据所选的机型而定）	1 个 1350L 或前置肥箱（根据所选的机型而定）
颗粒肥施肥装置	混加杀虫剂（抗蛞蝓）以及除莠剂（根据型号）	混加杀虫剂（抗蛞蝓）以及除莠剂（根据型号）
齿轮箱	1（20 速）	1 或 2（20 速）
轮数	2	2
播种部件平均重量（kg）	120/150	120/150
划印器	双向液压控制	双向液压控制
挂接装置类型	半自动	半自动
关闭播种部件	标配为手柄	标配为手柄

2. 施肥机的维护保养

（1）作业过程。

①作业前：检查拖拉机与施肥机的各部连接是否紧固，开机试运转看是否正常，若有故障应及时检修排除。

②作业中：开沟器、播种施肥器、覆土器等工作部件，若有机件损坏，应停机修复。

③作业后：应清除机器上的泥土和杂物，使种肥箱、输肥管、排肥器等机件处于良好状态，并按规定给传动和行走部件加注润滑油或润滑脂。季后机器长期不用，应对机器进行一次全面维护保养后，将机器放置在通风、干燥的室内保存。

（2）使用施肥机时的常见故障、产生原因及解决办法。

①施肥器不排种的原因及解决方法：施肥机在使用时可能出现施肥器不排肥的现象，导致这个问题的原因是地轮没有工作，出现了不转动现象。地轮之所以不转动，主要是因为地轮没有着地，传动链条出现了问题，可能是在工作过程中链条掉链或出现断链，从而使施肥器不排肥，针对这个问题，农机手或维修人员首先要找到产生问题的原因，对症下药。如果是传动链出现了毛病，就要及时进行修理或者更换，使地轮着地，从而使施肥器正常工作。

②个别排肥器不排肥的原因及处理方法：施肥机在工作时，整体的排肥量很正常，但是，个别排肥会出现问题，不排肥，产生这种现象的原因可能是排肥扣被杂物堵塞，从而不能排肥，这种原因导致的问题，只需将不排肥的排肥口用工具通开。但是，在进行维修时，农机手一定要将农机熄火，以免发生其他故障。需要注意的是农机手不要使用手指或木棍进行维修，可能会伤到自己。除此原因，也可能是排肥星轮或小锥齿轮销子出了断裂或脱落，从而引起个别排肥器不排肥，如果是这种原因，农机手首先要检查零件，如果不能维修就要考虑更换新的零件，从而使施肥机正常工作。

③各行播深不一致的原因及处理方法：施肥机在工作时，如果一些零件出现了问题，也会导致各行播深不一致。究其原因，可能是施肥机机架没有处在同一水平面上，出现左右严重不平现象，只是左右边的开沟器不处在同一个平面上，结果深度自然也就不一致。解决的办法是农机手或维修员要将机架的左右调整，使其处在同一平面，从而使开沟器深度一致，播深也就一致。除此原因，还可能是农机手在施肥机工作之前，没有对农机进行彻底检查，因各个开沟器伸出的长度不同，从而导致开沟器深度也不一致。还有可能是开沟器在工作时被土块垫起，与其他开沟器不在同一平面，从而导致播深不一致。如果是这种原因，农机手就要及时对开沟器进行调整，使其处于在同一水平面上，从而保证各行播深的一致性。

（3）施肥机在使用时需要注意的事项。

①对于施肥机部件的调整要选好时间：施肥机在工作前，农机手都会对相应的部件进行调整或者安装一些需要使用的零部件，但是，农机手需要知道的是，不是所有的部位和零件都要在农机工作前安装，为了防止一些零部件在农机作业前损坏，就要将这些零部件在作业地中进行调整、安装。如施肥机的开沟器就极易损坏，如果在未工作之前将其安装好，也有可能在运输途中损坏，为了确保机器的正常使用，有些零部件的调整就要选择在作业地进行，从而确保机器部件的正常工作。

②化肥加入肥箱的时间要适当：化肥是种植田地不可缺少的肥料之一，由于是颗粒状，极易受潮融化或者板结成块，不但会影响肥效，在施肥时也很困难。因此，对于化肥的保管要慎重，尤其在进行播种时，不要过早将化肥加入肥箱，这样很有可能引起化肥受潮或者板结成块，应该在临播前将化肥加入化肥里，这样既有利于播种，也不会影响肥效的发挥。

③注意施肥深度及位置：施肥过深影响肥效，过浅易挥发，最佳深度为10cm。据测定，施肥深度小于5cm，化肥从土壤气隙中挥发损失达60%，施肥深度5～10cm，挥发损失约为30%；施肥深度15cm以上时才没有损失，但过深则不利于农作物的吸收。种肥深施时，化肥与种子应保持3～5cm距离，以免伤害种子；追肥深施时，化肥距植物侧距保持在10～12cm。

第三节 化肥深施

一、化肥深施机械化技术的优点

1. 提高化肥利用率

化肥深施可减少化肥的损失和浪费，据中国农业科学院土壤肥料研究所同位素跟踪试验证明，碳酸氢铵、尿素深施地表以下6～10cm的土层中，比表面撒施氮的利用率可分别由27%和37%提高到58%和50%，深施比表施其利用率相对提高115%和35%。大面积应用化肥深施机械化技术后，氮素化肥平均利用率可由30%提高到40%以上。磷钾等肥、种深施还可以减少风蚀的损失，促进作物吸收和延长肥效，提高化肥利用率。

2. 增加作物产量

化肥深施可促使根系发育，增强作物吸收养分、水分和抗旱能力，有利于植株生长，从而提高作物产量。

3. 机械作业能保证种、肥定位隔离，避免烧种现象

种肥同床混施时，化肥直接与种子接触，极易腐蚀侵伤种子和幼苗根系，发生烧种烧苗现象。机械深施能将化肥施于种下3～6cm，种侧4～5cm，使种、肥之间有3cm的土壤隔离层，避免出现烧种，有利于保苗，增

产有了基础。

4. 机械施肥工效高，劳动强度低，节支效果明显

机引化肥深施机具小时生产率一般在0.33～0.67hm^2以上，效率比人工作业提高10～20倍；人畜力深施肥机具的效率比人工作业也可提高3～5倍，大大减轻了劳动强度，节约了施肥用工，作业费用降低。

二、化肥深施技术实施要点

1. 底肥深施

底肥深施应同土壤耕翻作业相结合。目前，底肥深施的方法有两种，一是先撒肥后耕翻，二是边耕翻边将化肥施于犁沟内，以第二种方法为好。

（1）先撒肥后耕翻的深施方法。要尽可能缩短化肥暴露在地表的时间，尤其对碳酸氢铵等在空气中易挥发的化肥，要做到随撒肥随耕翻深埋入土，此种施肥方法可在犁前加装撒肥装置，也可使用专用撒肥机，肥带宽基本同后边犁耕幅相当即可。

先撒肥后耕翻的作业要求：化肥撒施均匀，施量符合作物栽培的农艺要求，耕翻后化肥埋入土壤深度大于6cm，地表无可见的颗粒。

（2）边耕翻边施肥的方法。基本上可以做到耕翻施肥作业同步，避免化肥露天造成的挥发损失，一般可对现有耕翻犁进行改造，增加排肥装置，通常将排肥导管安装在犁铧后面，随着犁铧翻垡将化肥施于垡面上或犁沟底（根据当地农艺要求的底肥深浅调整），然后犁铧翻垡覆盖，达到深施肥的目的，许多地方习惯称此法为犁沟施肥。

边耕翻边施底肥作业要求：施肥深度大于6cm，肥带宽度3～5cm，排肥均匀连续，无明显断条，施肥量满足作物栽培的农艺要求。

2. 种肥深施

种肥须在播种的同时深施，可通过在播种机上安装肥箱和排肥装置来完成。对机具的要求是不仅能较严格地按农艺要求保证肥、种的播量、深度、株距和行距等，而且在种、肥间能形成一定厚度（一般在3cm以上）的土壤隔离层。

3. 化肥深施方法

化肥深施是指用机械或手工工具将化肥按农作物生长情况所需的数量和化肥位置效应，施于土表以下 6 ~ 15cm 的深度。化肥深施方法主要有如下三种：

（1）深施底肥。耕地时用施肥整地机械或在铧式犁和水田耕整机上附加肥箱及排肥装置，在翻地的同时将化肥深施到土层中。

（2）机械播种施肥。常将种肥同床混施，化肥与种子直接接触，化肥分解后的铵离子和酸根离子极易腐蚀灼伤种子和幼苗根系，施用量大时，发生烧种、烧苗现象。而播种同时深施化肥，由于种肥分离避免了肥害，且能有效地减少化肥损失，降低用肥量，促进增产。按种子和肥料的相互位置关系，播种深施肥方式可概括为如下几种。

①正位深施肥：肥料在种子正下方，种肥之间有 3 ~ 5cm 厚的土层，通常下层土壤湿度较大，肥料易于溶于土壤。这种方法有利于作物根系在耕层中向下均衡生长，一般用于谷物播种。

②侧位深施肥：肥料位于种子一侧下方深 3 ~ 5cm 处，其作用与正位施肥相似。溶解于土壤中的肥料养分易被幼苗侧部根系所吸收，但肥效不均，根系易向一侧生长。是应用较多的一种施肥方式。

③两侧施肥：即两侧深施肥。这种方法比单侧深施肥效果更明显，种子发芽后直接吸收肥料养分，肥力发挥好。

④正位分层深施肥：种子的正下方分两层施肥。据黑龙江试验，这种施肥方法有明显效果。

（3）深施追肥。合理施用方法是将化肥施在作物根系的侧深部位。中耕作物施用追肥，通常是在通用中耕机上装设排肥器与施肥开沟器实现追肥深施，但对小麦等谷物，由于种植行距小，且分蘖后条行几乎相接，因此，难以实现机械化深施追肥作业。用人力式旱田化肥深施器虽可进行谷物追肥深施，但效率很低。

4. 机具性能要求

深施化肥机具应符合农艺要求，施肥深度（≥6cm），具有可调节施肥量的装置，排肥装置有高度可靠性，作业时不应有断条现象，肥带宽度变异≤1cm，单季作业换件或故障修理不超过 1 次/台（件、组）。

5. 深施化肥作业应达到的要求

①排肥断条率<3%。

②肥条均匀度：碳酸氢铵为20%~30%，尿素等颗粒肥为20%~25%。其中底肥深施均匀性变异系数≤60%；播种深施排肥均匀性变异系数≤40%；中耕深追施肥均匀性变异系数≤40%。

③各行排量一致性变异系数均应≤13%。

④化肥的土壤覆盖率要达到100%，种肥、追肥作业要保证镇压密实。

⑤施肥位置准确率≥70%。

⑥中耕深追施肥作业伤苗率<3%。

⑦各种机具的使用可靠性系数均应≥90%。

三、机械深施化肥应注意事项

操作机手在进行作业前要经过专门的技术培训，以便熟知化肥深施技术的作业要点和掌握机具操作使用技术，能按要求调整机具和排除机具作业中出现的故障。

深施作业前要检查机具技术状况，重点检查施肥机械或装置各联接部件是否紧固、润滑状况是否良好、转动部分是否灵活。

调整施肥量、深度和宽度，使机具满足农艺要求。调整时肥箱里的化肥量应占容积的1/4以上，并将施肥机具或装置架起处于水平状态，然后按实际作业时的转速转动地轮，其回转圈数以相当于行进长度50m折算而定，同时在各排肥口接取肥料并称重。确定好施肥量后机具进地进行实际作业试验，当机具入土行程稳定后，视情况选取宽度和观察点个数，在截面中肥带部位测量带宽及化肥距地表和种子（植株）的最短距离，如多点测试均满足要求，即可投入正常施肥作业。

作业中要做到合理施用化肥。应遵循以下基本原则。

（1）选择适宜的化肥品种：要根据土壤条件和作物的需肥特性选择化肥品种，确定合理的施肥工艺（如基肥和追肥比例、追肥的次数和每次的追肥量），以充分发挥化肥肥效（如硝态氮肥应避免在水田上施用，防止由于硝化、反硝化造成氮素的损失）。

（2）化肥与有机肥配合施用：利用互补作用满足各个时期作物对养分的需要。通过施用有机肥避免单施化肥对土壤理化性状的不良影响，提高土壤的保肥、供肥能力。化肥和有机肥配合施用的方法有两种，一种是以有机肥作基肥，化肥作追肥或种肥施用；另一种方法是有机肥与化肥直接混合施用。需要注意的是化肥和有机肥不是可以任意混合的，有些混合后能提高肥效，有些则相反，会降低肥效，如硝态氮肥（如硝酸铵）与未腐熟的堆肥、厩肥或新鲜秸秆混合堆沤，在厌氧条件下，由于反硝化作用，易引起硝态氮素变成氮气跑掉，而损失养分。

(3) 按施肥量和各种营养元素的适宜比例搞好施肥作业：施肥不仅是要获得较高的产量，还要有较高的经济效益，为此要根据土壤条件、作物种类、化肥品种和施肥方法等具体条件确定施肥用量和各种营养元素的适宜比例。作物的高产、稳产，需要氮、磷、钾等多种养分协调供应，施用单一化肥，往往不能满足作物生产发育的需要。根据我国目前土壤氮、磷、钾的分布情况，北方要重视氮磷肥的混合施用，南方要做到氮磷钾肥的混合施用。

此外，还要根据农艺要求和化肥特性，确定化肥的施用季节、施肥部位（如侧位深施、正位深施）、施肥方法（如集中施、根外追施）等，为提高化肥利用率创造条件。

种肥深施机具。种肥深施机具通常为施肥播种机，在一个机架和传动机构上，并列着两套机构，一套播种，一套施肥，可在播种的同时施肥，是化肥深旅机具中运用最广、型号最多的联合作业机型。有的机型采用精量、半精量排种器，节种增效作用明显，有的机型还装有铺膜等机构，联合作业项目更多。施肥位置不同，按施肥播种机可分为正位施肥和侧位施肥两类机型。

(1) 正位施肥播种机：这类机型的开沟器一般分两排排列，前排开沟器施肥，后排开沟器播种，两排开沟器处于前进方向的同一纵向平面内，施肥开沟器工作深度较深，使肥料处于种子正下方，种肥之间有 3.5 ~ 5.0cm 土层相隔，所以有的机型也称作种肥分层播种机。

(2) 侧位施肥播种机：侧位施肥播种机的结构与正位施肥播种机基本相同，只不过它的施肥开沟器与播种开沟器不在同一条线上，而处于播种开沟器的两侧，把化肥施在种子旁侧，多用于玉米、大豆、高粱和棉花等宽行距的中耕作物播种施肥作业。

草场喷灌机械

第一节　喷灌机概述

一、喷灌机构成及发展

喷灌是把由水泵加压或自然落差形成的有压水通过压力管道送到田间，再经喷头喷射到空中，形成细小水滴，均匀地洒落在农田，达到灌溉的目的。它是将动力机、水泵、管路、移动装置、喷头等设施按喷灌方式组合配套成具有整体性的节水喷灌设备，其中水源动力机、水泵辅以调压和安全设备构成喷灌泵站，各级管道和闸阀、安全阀、排气阀等构成输水系统，末级管道上的喷头或行走装置构成喷洒设备等。

20 世纪 20 年代，人们为了降低劳动强度，从繁重的移动管道灌溉作业中解放出来，美国等相继研制出滚移式喷灌机。尽管滚移式喷灌机具有明显的优点，但属于半自动化喷灌设备，不能自动移动，需要人为操纵，而且对地形和水源的要求较高，不能灌溉高秆作物，应用受到较大的限制。20 世纪 50 年代初，美国人发明了圆形喷灌机（又称中心支轴式喷灌机）。早期以液压驱动和水力驱动为主，1965 年出现电力驱动圆形喷灌机，此后，圆形喷灌机在全世界得到了广泛的应用，如今已在各大洲灌溉着数千万公顷的耕地、沙丘和草原，可称为世界农业灌溉史上的一次革命，曾被美国著名科技刊物《科学美国》称赞为“圆形喷灌机是自从拖拉机取代耕畜以来，意义最重大的农业机械发明。圆形喷灌机存在一个重大的弱点，即灌溉面积是圆形，与地块形状和传统农艺耕作方式不一致，近 20% 的方形地块面积得不到有效灌溉。因而20世纪70年代又出现了平移式喷灌机，实现矩形地块的灌溉，平移式喷灌机自动化程度高、灌溉质量好、单机控制面积大。我国大型喷灌机技术的研究开始于1976年，由于受到我国农业体制和经济体制的影响，引进推广工作一波三折，大致经历了起步阶段（1976—1978年）、引进和关键部件攻关阶段（1979—1986年）、完善提高和稳妥推广阶段（1987—1997年）、技术创新和产业化阶段（1998年至今）。

二、喷灌机特点

1. 优点

（1）提高农作物产量。喷灌时灌溉水以水滴的形式像降雨一样湿润土壤，不破坏土壤结构，为作物生长创造良好的水分状况；由于灌溉水通过各种喷灌设备输送、分配到田间，都是在有控制的状态下工作的，可以根据供水条件和作物需水规律进行精确供水。此外，喷灌还能够调节田间小气候，在干热风季节用喷灌增加空气湿度，降低气温，可以收到良好效果；在早春可以用喷灌防霜。实践表明，喷灌比地面灌可提高产量15%～25%。

（2）节约用水量。因为喷灌系统输水损失极小，能够很好地控制灌水强度和灌水量，灌水均匀，水的利用率高。喷灌的灌水均匀度一般可达到80%～85%，水的有效利用率为80%以上，用水量比地面灌溉节省30%～50%。

（3）具有很强的适应性。喷灌一个突出的优点是可用于各种类型的土壤和作物，受地形条件的限制小。例如在砂土地或地形坡度达到5%、地面灌溉有困难的地方都可采用喷灌。在地下水位高的地区，地面灌溉使土壤过湿，易引起土壤盐碱化，用喷灌来调节上层土壤的水分状况，可避免盐碱化的发生。由于喷灌对地形要求低，可以节省大量农田地面平整的工程量。

（4）节省劳动力。由于喷灌系统的机械化程度高，不需要人工打埂、修渠，可以大大降低灌水劳动强度，节省大量的劳动力。比地面灌溉方式可以提高效率20～30倍。

（5）提高耕地利用率。采用喷灌可以大大减少田间内部沟渠、田埂的占地，增加了实际播种面积，可提高耕地利用率7%～15%。

（6）一机多用。可结合喷施化肥与农药等，对于氮肥溶液有很好的喷施效果。

2. 缺点

(1) 喷灌形状为圆形，对于方形地块地角漏喷，配备角臂成本略高。

(2) 喷灌范围内地面上不得有树木和其他障碍物（也可根据实际情况调整中心点、重新布局来避开）。

(3) 对备件和维修技术要求高。

(4) 喷灌机远端喷头的喷灌强度较大，选配不当易产生地面径流。

喷灌机的用途很多，主要用于农作物、林业苗圃、牧业草场、蔬菜果树、经济作物、园林草皮、花卉、跑马场和环境控制，以及综合喷施液肥、除草剂、化学剂、农药等。

三、喷灌机分类

根据其设备的组成，喷灌系统可分成机组式喷灌系统和管道式喷灌系统两大类。机组式喷灌系统又可分为轻小型机组式喷灌系统、大中型机组式喷灌系统等。

根据移动方式不同可分为人工移动式、机械移动式和自动行走式。其中人工移动式包括手抬式、手推车式、人工滚动式；机械移动式包括机械滚移式、拖车式、双悬臂式、绞盘牵引式；自动行走式包括中心支轴式、平移自走式。

按作业特征分为定喷式、行喷式。

管道式喷灌系统：管道式喷灌系统是指以各级管道为主体组成的喷灌系统，按照可移动的程度，可分成全固定式、全移动式和半固定式3种。

(1) 全固定管道式喷灌系统：它由水源、水泵、管道系统及喷头组成。除喷头外喷灌系统的各个组成部分在整个灌溉季节甚至常年固定不动，水泵和动力机械固定，干管和支管多埋于地下，喷头装在固定的竖管上并可轮流在各个田块中使用。固定式喷灌系统操作管理方便，易于实行自动化控制，生产效率高，但投资大，亩投资在1 000元左右（不含水源），竖管对机耕及其他农业操作有一定的影响，设备利用率低，一般适用于经济条件较好的城市园林、花卉和草地的灌溉，或灌水次数频繁、经济效益高的蔬菜和果园等，也可在地面坡度较陡的山丘和利用自然水头喷灌的地区使用（图4－1）。

(2) 全移动式喷灌系统：全移动式管道喷灌几乎可用于栽培各种不同地形

图 4－1　全固定管道式喷灌系统

的农田，它的喷灌系统支管与干管连接处有快速接头，易于连接和拆卸。支管为轻型材料，易于移动，喷灌系统干管和支管均为可移动的，可在不同地块循环利用喷灌设备，提高了设备利用率，降低了投资成本。可以控制喷灌高度及灌溉水深度，适时适量为作物提供适宜的水分条件，而且水分和养分主要分布在作物根系层，不产生明显的深层渗漏，提高了水分养分的利用率（图 4－2）。

图 4－2　全移动式喷灌系统

（3）半固定管道式喷灌系统：系统组成与固定式相同，其中，动力机、水泵及输水干管等常年或整个灌溉季节固定不动，支管、竖管和喷头等可以拆卸移动，安装在不同的作业位置上轮流喷灌。这种方式综合了全固定和全移动管道式喷灌系统的优缺点，投资适中（亩投资 650～800 元），操作和管理也较为方便，是目前国内使用较为普遍的一种管道式喷灌系统。管道式喷

灌系统比较适用于水源较为紧缺、取水点少的中国北方地区（图4－3）。

图4－3　半固定管道式喷灌系统

第二节　主要喷灌机械

一、中心支轴式喷灌机

1. 中心支轴式喷灌机结构

中心支轴式喷灌机是装有喷头的管道支承在可自动行走的支架上，围绕备有供水系统的中心点边旋转边喷灌的大型喷灌机械。中心支轴式喷灌技术是为了扩大单机控制面积，解决大块农田和草场所存在的生产效率低、劳动强度大、单位面积投资成本高的问题而发展起来的。设备运行的轨迹为圆形，设备的一端为中心点，固定在地块的中心位置，机身围绕这个点进行旋转做圆周运动，运动同时对地面进行灌溉。动力接入需采用地埋电缆或配备发电机组，为中心点提供电源；水源接入需采用地埋管道接入，方式为固定接入。设备的长度可根据用户的要求决定，最长可达到>600m，支架高2～3m，跨体长度有47.8m、54.5m和61.3m三种选择。单根管长为6.7m，悬臂长度有6.7m、13.4m、20.1m和26.8m供选择。适用于大面积的平原（或浅丘区），要求灌区内没有任何高的障碍（如电杆、树木等）。其缺点是只能灌溉圆形的面积，边角要想法用其他方法补灌。此机在美国应用广泛，也值得我国在大平原地区、大规模农场推广。

中心支轴式喷灌机主要包括由中心支座、桁架、塔驾车、悬臂构成的钢结构件；由电机减速器、万向节、万向节护套、传动轴、传动轴套管、车轮减速器、车轮构成的行走驱动装置；由主控箱、集电环、塔盒、指示灯、电缆组成的电气控制系统；由弯管、悬吊管、压力调节器、喷头、配重、末端喷枪组件构成的灌水系统及可选的地角系统、施肥施药装置。

2. 主要中心支轴式喷灌机

（1）中心支轴式喷灌机。见图4－4，表4－1。

图4－4　中心支轴式喷灌机

表4－1　中心支轴式喷灌机结构参数

项目		参数
中心结构	重载型中心支轴结构，连接螺栓采用12.9和8.8级钢结构高强度螺栓以及自锁螺母	
主水管	6～5/8”（168mm×3mm壁厚）	加强型为：8”（203mm）和10”（254mm）
跨距	6～5/8”168mm×54.5m	加长型跨距为：61.3m
悬臂管	141mm×13.4m	悬臂加长管为：101mm×13.4m
工作电源及电压	380V/50HZ	

（续表）

项目	参数
功率（kW）	4～11
轮胎规格（inch）	14.9×24 真空轮胎
行走（hp）	电力传动齿轮箱 电机功率为：0.75～1.5hp
电力传动齿轮箱转速为	40：1
轮胎涡轮减速机	50：1
标准控制箱	具有自动开关机和自动正反向控制以及低水压和低温自动停机等功能
智能控制箱	采用德国西门子 PLC 和触摸式中文液晶面板可以进行全功能的自动控制）
尾部和中心轴部位	照明和工作状态灯
悬臂管钢拉索	7 芯钢绞线
喷头	美国尼尔森 D3000 或 A3000，多种压力值选择
入机水压力（Mpa）	0.35～0.45
喷灌机桁架距离地面高度（m）	3.1
喷头间距（m）	2.23

（2）ATP－8DYP 系列中心支轴式喷灌机。见图 4－5，表 4－2。

图 4－5　ATP－8DYP 系列中心支轴式喷灌机

（引自 http：//www.irrigation.com.cn）

表4－2　ATP－8DYP系列中心支轴式喷灌机技术参数

型号	最大控制面积（亩）	单跨（m）	整机长（m）	流量（m^3/h）	入口	跨数	地隙（m）	末端喷枪射程（m）
ATP－8DYP－230－4	322	54.5	230	110	0.28	4	2.75	31.5
ATP－8DYP－327－5	517	54.5	300	140	0.28	5	2.75	31.5
ATP－8DYP－354－6	700	54.5	354	170	0.28	6	2.75	31.5
ATP－8DYP－395－7	855	54.5	395	200	0.28	7	2.75	31.5
ATP－8DYP－451－8	1 035	54.5	451	235	0.28	8	2.75	31.5
ATP－8DYP－505－9	1 350	54.5	505	293	0.31	9	2.75	31.5
ATP－8DYP－559－10	1 638	54.5	559	350	0.35	10	2.75	31.5

3. 中心支轴式喷灌机保养及维护

（1）开机前检查喷灌设备。

①设备是否成直线。

②整体结构是否正常。

③轮胎是否正常。

④喷头是否有脱落。

⑤中心支架固定是否牢固。

⑥设备运行区域是否有障碍物。

⑦水泵的节门是否处在正常的打开位置。

（2）开机前注意事项。

①整台设备是否成一条直线，不在一条直线的，完成下述工作后要调直设备。

②轮胎是否被埋住在沙坑里，设备运行范围内是否有新的障碍物。

③供电后，检查电压是否正常，设备的工作电压是480V/60Hz或380V/50Hz，电压允许变化范围　是480～505V/60Hz或380～405V/50Hz

④ 一切正常后，打开悬臂尾端的大堵头，开动水泵，进行 15 ~ 30min 的设备管道清沙及清井工作，同时检查压力表的压力，喷头是否被堵塞，哪里有漏水滴水的情况。

上述工作完成后，再开始设备的正常灌溉工作。

(3) 开机及停机。

①检查水泵控制柜的电压、电流，喷灌机控制柜的电压是否在正常范围（380 ~ 405V）。

②开启水泵后，检查水泵控制柜的电压、电流，喷灌机控制柜的电压是否在正常范围。

③待喷灌机内水压达到所需的压力后，按喷灌要求（运行速度、正反向）开启喷灌机。

④检查所有喷头是否正常工作，设备接头处是否有泄漏，作好记录，尽快处理。

⑤检查轮边变速箱、马达、传动轴是否有异响。

⑥检查轮胎运行轨迹是否正常。

⑦根据灌溉要求，设定正确的运行程序，设备正常工作后，操作人员认真检查上述项目后，操作人员方可离开。

⑧据预定时间，到设备中心点关机或改变灌溉设置，先停喷灌机，再停水泵。

(4) 注意事项。

①定期检测水井水位（静水位和动水位）的变化，作好记录。

②作好工作记录。

③喷灌设备运转 7 ~ 8 圈后，需给中心支架处打一次黄油。

④开启和停止喷灌设备，操作人员必须亲自操作。

⑤工作过程中，若遇到有可能对设备造成损害的情况时，必须先停止设备，同时要向负责人报告，待故障排除后再重新启动设备。

⑥ 经常观察各区域浇水是否均匀，是否影响到作物的长势。

⑦如果井中含沙量较多，需定期从悬臂处排沙。

(5) 年度维护要点。

一要维护中心支架：

①清理控制柜内沙尘。

②检查控制柜内的接线端子是否有脱落、牢固，导线皮是否有损坏，用电表检查各保险丝及各接触器是否正常。

③中心支架的螺栓是否有脱落及松动。

④中心支架的旋转部分是否打满黄油。

⑤检查中心点顶端的柔性联接的销轴及开口销是否齐全。

⑥检查中心点接地是否良好，及所有接地线是否接地良好。

二要检查跨体：

①检视跨体的螺栓是否有松动、脱落。

②检视跨体形状是否正常。

③喷头是否齐全，不堵。

④清理塔盒内的沙尘，检查微动开关的位置是否正确，塔盒下面的开关是否在打开的位置。

⑤接线端是否有松动，导线皮是否有破损。

⑥跨与跨体间的联接，即球和窝是否正常，胶管卡子是否松动。

⑦检视驱动部分的螺栓是否有松动、脱落。

⑧检查驱动电机的油位及油质。

⑨检查驱动部分传动轴及柔性联接是否牢固。

⑩检查减速器的油位及油质，同时用针疏通减速器小罩子两边的小孔。

⑪检查轮胎的内压应为18PSI左右，压力1.2～1.3kg。

⑫检查轮胎固定螺栓是否松动。

三要检查悬臂：

①检视悬臂整体是否正常。

②检视钢索是否正常。

③ 检视螺栓是否有脱落。

④检查悬臂的喷头是否齐全、不堵。

四要检查其他装置：

①检查水井到设备中心点的管线，闸阀是否打开。

②检查水泵等控制柜的线路。

二、大型平移喷灌机

1. 平移喷灌机结构

为了克服时针式喷灌机只能灌圆形面积的缺点，近代在时针式喷灌机的基础上研制出可使支管作平行移动的喷灌系统。这样灌溉的面积成矩形的，但其缺点是当机组行走到田头时，要专门牵引到原来出发地点，才能进行第二次灌溉，而且平移的准直技术要求高，因此，没有时针式喷灌机使用得那么广泛，我国也有同类产品，其适于推广的范围与时针式相仿（图4－6）。

图4－6　平移喷灌机结构

平移式喷灌机驱动主要有两轮和四轮的方式，大型平移式喷灌机的核心结构是由热镀锌钢管、角钢、钢板、圆钢等制造而成，平移机以一个共用运载车平台为基础，运载车可配备专用设备，从两个不同的水源之一取水。它可以从地表开放式沟渠取水，或者使用来自封闭系统或管道的水。运载车还可以配备各种选用件，例如动力装置、水泵、发电机、燃油箱和化学剂箱等。平移机的操作模式非常灵活方便，它可以来回穿越农田，也可以在形状不规则的长方形或 L 形的农田回转，也可以拖移到另一块农田。平移式喷灌机适合矩形或梯形地块，当需要灌溉时，设备不需要锚固便可以自动行走。平移式喷灌机更适宜喷灌草坪、花卉、苗圃、谷物、豆类、蔬菜、牧草等。自动化喷灌系统具有灵活方便，高效、节能、节水、增产、增效、省人工等特点。动力电源采用柴油发电机供电，喷洒部件采用低压喷头，经科学配置的喷嘴，喷洒均匀系数可达 90% 以上，并可喷洒化肥及农药，可采用地表水渠和管道两种供水方式，并具有一定的爬坡能力。

2. 平移式喷灌机参数

DPP 系列电动平移式喷灌机，见图4－7 和表4－3。

图 4－7　DPP 系列电动平移式喷灌机

（引自 http：//www. caams. org. cn/products/xdnmyzb/pgjsjx/2009/12/2708. shtml）

表 4－3　DPP 系列电动平移式喷灌机主要技术参数

技术指标	参数						
	DPP－76	DPP－198	DPP－259	DPP－320	DPP－381	DPP－442	DPP－686
系统长度（m）	76	198	259	320	381	415	686
塔架数	1	3	4	5	6	8	11
喷灌机流量（m^3/h）	65	120	140	165	185	220	340
桁架通过高度（m）	2. 5	2. 5	2. 5	2. 5	2. 5	2. 5	2. 5
入机压力（MPa）	0. 17	0. 19	0. 21	0. 23	0. 26	0. 26	0. 28
供水方式	端供水	端供水	端供水/中央供水	端供水/中央供水	中央供水	中央供水	中央供水
跨距（m）	30、40、50、55、61						
末端悬臂长度（m）	15						
末端最小工作压力（MPa）	0. 15						
组合喷洒均匀度（Cu）	≥90%						
最大爬坡能力	5%						

（续表）

技术指标	参数						
	DPP－76	DPP－198	DPP－259	DPP－320	DPP－381	DPP－442	DPP－686
轮胎型号	14.9～24						
电机减速器功率（kW）	0.75、1.1						
电机减速器传动比	40：1						
车轮减速器传动比	52：1						

注：以上只列出部分型号。表中喷灌机流量、降雨量可随用户实际需要和现场供水条件的变化调整

3. 平移式喷灌机的调试与操作

（1）使用前的检查。

①检查各部件连接处的螺栓紧固情况。

②检查各部件是否有漏、错装处。

③检查电控系统接线是否正确、可靠。

④检查柴油机、发电机、水泵是否符合规定要求。

⑤检查轮胎的气压是否充足。

⑥检查减速器中润滑油是否满足运行要求。

（2）调试过程。

一是开机前的调整：

①喷灌机安装后，应使整个喷灌机处于一条直线上，并把控制杆按要求装上，取下凸轮锁紧螺母。

②松开旋转轴螺母和定位螺栓。

③转动调节螺母，使凸轮压向运行微动开关，直到听到“咔”的响声，表示微动开关已动作，即常开触点闭合，然后再小心地反向转动此螺母约1～3圈，并锁紧，然后拧紧旋转轴螺母与定位螺栓。而后可用左手握住控制杆，以均力沿水平方向推拉控制杆，来回均能听到“咔、咔”的响声。若只能在推的过程中听到动作的声音，而拉的时候却听不到动作声音，则表明凸轮与微动开关的间隙过小，需重新调整；反之，则说明凸轮与微动开关的间隙过大，需重新调整。按上述方法将全部塔架车调整完后，即可启动喷灌机正向运行。在运行过程中，若发现某塔架车滞后，需要重新调整该塔盒

内的同步调整机构。调整方法：松开旋转轴螺母（但不全部松开）和调整螺栓螺母，拧紧调整螺母，每次调整 1～3 圈，直到该塔架车在运行中和其他塔架车基本保持在一条直线上为止。

二是喷水后的调整：喷灌机在喷水过程中，如发现塔架车不同步现象，即要停机，需要重新调整，调整方法和喷水前相同，直到达到同步为止。如不受外力，处于自然状态，喷灌机长期停止运行后，在使用前，应按上述方法重新调整后方可使用。

三是行走轮的调整：喷灌机运行前需要对行走轮进行调整。调整时将行走梁底部调整板 M10 的螺母松开，使调整板移动，当行走轮与行走梁平行时，再拧紧调整螺母。

四是喷头的调整：喷灌机正常运行后，喷头随即喷水。若压力调节器或喷嘴有堵塞应立即清理。

五是灌水定额的调整：根据作物的灌溉需求，调整百分率时间继电器的数值，使喷灌机按要求的速度运行，达到适宜的降雨量。

（3）运行操作。

先将喷灌机的启动：

①启动水泵，打开闸阀供水，同时供电。为防止水锤，开始抽水时，要注意闸阀稍开启即可，当输水管充满水后，再全部打开闸阀，直至所有喷头喷水正常。检查入机压力，而其压力大小由闸阀控制。

②按照喷灌作物降雨量的要求，调节百分率时间继电器，按照运行方向，选定方向转换开关。

③将电压调到 400～420V。

④按启动按钮，使喷灌机运行。同时观察各相电压情况是否正常。

再进行喷灌机运行中的检查：

①检查入机的电压、频率是否正常，入机压力是否在规定范围内。

②检查电机运转有否异声、电流是否正常，检查转动部件润滑情况。

③检查有无漏油、漏水。

④检查整机弓度是否在允许范围内，行走轮是否同迹。

⑤检查喷头喷水是否正常。

最后是停机后检查：

①检查闸阀是否关闭。

②检查电源是否切断。

应注意事项包括：

①喷灌机工作温度在4℃以上，风力4级以下。

②停机时，应先切断中枢控制箱电源，二闭闸阀，再停泵，后停柴油机。

③喷灌机应正、反向交替运行。

④喷灌机喷洒化肥后，应冲洗管道。

4. 平移式喷灌机的保养

（1）平移式喷灌机的保养项目。见表4－4所述。

表4－4　喷灌机的保养项目

保养部位	保养项目	一班	260h	长期停放
中心支轴	1. 所有紧固件			*
	2. 链锁的竖固	*	*	*
	3. 驱动车上的管路和供水管连接处是否漏水	*	*	*
	4. 支轴弯管和转动套的润滑		*	*
	5. 中枢控制箱元件		*	*
桁架	1. 连接处的紧固情况		*	
	2. 桁架连接处球头M30螺母是否松动		*	
	3. 法兰连接处是否漏水	*	*	*
	4. 电缆有无损伤老化			*
	5. 喷头喷水是否正常，有无堵塞	*	*	*
	6. 桁架间连接胶管是否漏水	*	*	*
塔架车	1. 连接处的紧固情况		*	*
	2. 轮胎压力		*	*
	3. 行走轮的同迹情况		*	*
	4. 减速器的润滑情况	*	*	*
	5. 更换减速器润滑油			*

注：*表示需要保养

（2）喷灌机的长期停放和越冬管理。

①将喷灌机停在适当位置。

②清洁管道内的沉积物，排净积水。

③卸开中心支座处的链锁。

④将中枢控制箱、塔盒、电缆、电机拆下入库保存。

⑤支起塔架底梁，使行走轮离地 100～150mm。
⑥将喷头、压力调节器、喷头接管卸下入库。将喷头座用丝堵堵好。
⑦将运动件、钢丝绳涂上油脂。
⑧将柴油机牵引回机房。

三、卷盘式喷灌机

1. 卷盘式喷灌机结构及作业方式

（1）卷盘式喷灌机是用软管给一个大喷头供水，软管盘在一个大绞盘上。灌溉时逐渐将软管收卷在绞盘上，喷头边走边喷，灌溉一个宽度为两倍射程的矩形田块。这种系统，田间工程少，机械设备比时针式简单，从而造价也低一些，工作可靠性高一些。但一般要采用中高压喷头，能耗较高。也要求地形比较平坦，地面坡度不能太大，在一个喷头工作的范围内最好是一面坡。有 3 种类型：一种是将钢索绞盘连同驱动绞盘用的动力机、喷头等装在喷灌车上，钢索的一端固定在地头牵引喷灌车前进；另一种是将钢索绞盘及其动力机置于地头，通过钢索牵引装有喷头的喷灌车前进；还有一种是将作为供水支管的软管卷绕在绞盘上，绞盘及喷头装在喷灌车或滑橇上，由软管牵引前进。水力驱动的绞盘式喷灌机是利用干管引来的高压水，通过水涡轮驱动绞盘作业，免去了动力机。卷盘式喷灌机的优点是：喷头车在喷洒过程中能自走、自停，管理简便，操作容易，省工（基本上一人可管理一台），劳动强度较低；结构紧凑，成本较低。材料消耗较少，田间工程量少；机动性好，供水可用压力干管，也可用抽水机组；适应性强，不受地块中障碍物限制（图 4－8）。

（2）卷盘式喷灌机的工作原理是采用水涡轮式动力驱动系统，卷盘车上装有使卷盘旋转并使喷头车自走的水力驱动机，压力水通过直流可调式水蜗轮、管路系统、绞盘主轴管道、PE 管直达喷头小车上的喷头，喷头均匀地将高压水流喷洒到作物上空，形成细小的水滴均匀降落；同时，喷灌时卷盘在水力驱动机的作用下缓慢旋转，缠绕软管，带动软管末端的喷头车向卷盘车方向移动，实现 PE 管的自动回收，达到回收喷头小车的目的。停机碰板可实现自动停机；操作简单，工作可靠，降水均匀。

（3）卷盘机的作业方式随绞盘安装在底盘（机架）上的位置而不同，最常见的是喷灌机牵引方向与喷头车作业方向垂直，作业具体方式如下：

图4-8 卷盘式喷灌机

①用拖拉机将喷灌机牵引到地边第一条喷灌带的给水栓处（一般给水栓布置在条带长方向的中间），将卷盘车调转90°，接上水源。

②用拖拉机将喷头车和半软管牵引到地头。

③打开给水栓供给压力水，开始喷灌，卷盘机利用水压力通过水力蜗轮缠绕半软管，使喷头车边喷洒边倒退（喷头约成300°以内的扇形喷洒），直退至卷盘车处即自动停车。

④将喷灌机转动180°角度，将喷头车及管道牵引至该条带的另一侧，重复上述步骤。

⑤该条带两侧全部喷完后，用拖拉机将喷灌机牵引到另一条带，继续以上顺序进行喷灌。

2. 主要卷盘式喷灌机及参数

（1）JP-75卷盘式喷灌机。参见图4-9，表4-5。

图4-9 JP-75 DEBONT卷盘式喷灌机

（引自http：//www. debont. com. cn/Product/Detail-ID-43. aspx）

表 4-5　DEBONT 卷盘式喷灌机基本参数与尺寸

技术指标		参数				
型号		JP-50-150	JP-75-200	JP-75-300	JP-85-300	JP-90-300
外形尺寸（长×宽×高）(mm)		3 100×1 580×1 500	3 050×1 590×2 410	3 490×(1 500~1 800)×2 620	3 700×(1 500~1 800)×3 050	3 780×(1 600~1 900)×3 210
PE 管外直径 (mm)		50	75	75	85	90
PE 管长度 (m)		135	180	280	280	280
轮胎/轮网		7.00~9/5.00S	200	300	300	300
喷头车轮距 (mm)		1 420	1 800~2 500	1 800~2 500	1 800~2 500	1 800~2 500
单喷头	流量 (m^3/h)	5.5~19.7	15~37	15~37	13~65	16~72
	工作压力 (MPa)	0.40~0.76	0.55~0.90	0.55~0.90	0.60~1.00	0.65~1.00
	喷嘴直径 (mm)	9~16	16~24	16~24	18~26	20~28
	有效喷洒幅宽（m）	31.5~51.2	47~74	47~74	47~74	47~74
	喷水射程 (m)	18.5~30	27~43	27~43	27~43	27~43
桁架式喷头	工作压力 (MPa)	0.2~0.5	0.4~0.7	0.4~0.7	0.45~0.80	0.45~0.80
	喷嘴个数×直径（mm）	9×（3.6~6.4）	13×（4.4~7.5）	13×（4.4~7.5）	13×（4.4~7.5）	13×（4.4~7.5）
	流量 (m^3/h)	5~19	11.4~38.3	11.4~38.3	11.4~38.3	11.4~38.3
	有效喷洒幅宽（m）	18~26	30~34	30~34	30~34	30~34
	喷头射程 (m)	3.0~4.0	4.0~5.0	3.0~4.5	3.0~4.5	3.0~4.5

注：外形寸不包括喷头车，底盘轮距可调

（2）JP75－300 卷盘式喷灌机。见图 4－10，表 4－6 所示。

图 4－10　JP75－300 卷盘式喷灌机

（摘自 http：//www. nongjx. com）

表 4－6　JP75 型卷盘式喷灌机技术参数

底盘	型号	PE 管直径（mm）	PE 管长度（m）	最大控制带长（m）	组合喷洒均匀度系数 IUC（%）	层间速度差（Vu）	流量（m^3/h）	喷嘴直径（mm）	入机压力（MPa）	使用寿命（year）
75TX	65－340TX	65	340	2×380	≥85	≤20	13～28	14～22	0. 35～1. 0	25
	75－250TX	75	250	2×300	≥85	≤20	13～50	14～28	0. 35～1. 0	25
	75－270TX	75	270	2×315	≥85	≤20	13～45	14～28	0. 35～1. 0	25
	75－300TX	75	300	2×345	≥85	≤20	13～38	14～26	0. 35～1. 0	25
	85－200TX	85	200	2×250	≥85	≤20	13～60	16～30	0. 35～1. 0	25

3. 卷盘式喷灌机的使用技术

卷盘式喷灌机每次作业后均应按产品说明书要求进行日常维护和保养，灌溉季节结束后应排空卷盘式喷灌机内的积水，橡胶行走轮应垫离地面。新卷盘式喷灌机或经过大修后的卷盘式喷灌机，使用前还应进行试运转。

供水和停水时，应缓慢开启和关闭卷盘式喷灌机的阀门或者给水栓。运行时应符合三项要求：一是管道首末端压力在设计要求范围内；二是转动部件运转平稳，无异常声音；三是密封处无泄漏；四是灌水器工作正常。

卷盘式喷灌机发现故障时应及时排除，严禁强行运行。施用化肥后应对管道进行清洗，作业完毕后应排除管道内余水，以电为动力的卷盘式喷灌机应切断电源。卷盘式喷灌机长时间不作业，应将管道和阀件冲洗干净，清除泥沙和污物，排净水泵及管内的积水，清除行走部位的泥土和杂草，对易锈部位进行防锈处理。

（1）使用前的准备。

①根据地形、水源、农作物和风向等条件，合理选择喷灌机安装位置，并且放在坚实的地方，以免机组在工作中下陷倒塌。

②安装进水管时，要注意防止管道漏气，并避免与石块等硬物摩擦。铺设输水管道时，要与作物行间保持平行，以免损伤作物，安装各种接头时，应注意清洁。

③安装完毕后应对各部分进行一次检查，包括动力机组，各部分螺钉连接是否牢固，转动部分有无卡滞现象，喷头是否有堵塞等。检查完毕后加注润滑油。

④调整喷灌机机组的行进速度，应根据不同的季节，作物需水量对喷灌机的动力机和传动部分进行调整，获得理想的行进速度。

（2）使用中注意事项。

①水泵启动后，3min 未出水，应停机检查。

②水泵运行中若出现不正常现象，如杂音、振动、水量下降等，应立即停机，要注意轴承温升，其温度不可超过 75 ℃。

③观察喷头工作是否正常，有无转动不均匀，过快或过慢，甚至不转动的现象。观察转向是否灵活，有无异常现象。

④应尽量避免引用泥沙含量过多的水进行喷灌，否则容易磨损水泵叶轮和喷头的喷嘴，并影响作物的生长。

⑤为了适用于不同的土质和作物，需要更换喷嘴、调整喷头转速时，可以拧紧或放松摇臂弹簧来实现。摇臂是悬支在摇臂轴上的，还可以转动调位螺钉调整摇臂头部的入水深度来控制喷头转速。调整反转的位置可以改变反转速度。

⑥喷头转速调整好的标志是，在不产生地表径流的前提下，尽量采用慢的转动速度，一般小喷头为 1 ~ 2min 转 1 圈，中喷头 3 ~ 4min 转 1 圈，大喷头 5 ~ 7min 转 1 圈。

（3）卷盘式喷灌机的调整。

①调整刹车。旋转刹车带的六角螺母，直到刹车带螺栓的螺纹突出 1mm 时锁紧。

②调整螺纹杆。将变速杆置于关闭位置，旋转螺纹杆的六角螺母，直到变速杆与关闭杆间隙为 2～3mm 时，将旋转螺纹杆上的六角螺母锁紧。

③调整变速排挡面板。将变速杆推入Ⅰ挡位置时，旋转三角皮带轴应转动，把变速杆推向空挡位置时，轴应停止转动，此时，设定排挡面板。将变速杆推入Ⅱ挡位置时，以上述步骤调整排挡面板。

④调整关闭架。当喷头车托架钩住定钩时，将调整螺栓向着喷头车托架旋入，直到绞护管与绞盘外直径得到 40mm 间隙后固定螺栓。

⑤调整关闭杆。将变速杆推入Ⅰ挡位置，将调整螺母向关闭支架旋入，直到关闭动作开始起作用时，固定调整螺母。

⑥调整Ⅱ挡的关闭。首先测试Ⅱ挡是否关闭，将变速杆推入Ⅱ挡位置，把喷头车托架举升到关闭位置，关闭的动作必须在距离锁杆螺孔的边缘 5mm 的位置开始作用，如果关闭没有在这个位置发生作用，就应将喷头车托架钩住锁定钩，然后将调整螺栓再向控制杆旋入，直到关闭作用发生，再固定螺栓（表 4－7）。

表 4－7　常见卷盘式喷灌机故障及排除

序号	故障现象	故障原因	解决办法
1	喷头车不能举起	传动变速不正确或三角传动带磨损导致喷头车不能举起	选择适宜的三角传动带和传动速度
2	卷盘超卷或 PE 管拉伸时变松	有牵引机车突然停车或变速齿轮箱严重缺少润滑油从而导致卷盘超卷	可放慢停车速度或向齿轮箱内添加足够的润滑油
3	最后开关关闭前，PE 管就停止回收	水涡轮被杂物卡住、供水压力过低、PE 管超卷驱动安全装置起作用、PE 管回收传动皮带太松或传动皮带严重损坏等	水涡轮严重堵塞，应清除卡滞物；供水压力过低，应检查水泵及给水栓棱头，增加供水压力；PE 管超卷驱动安全装置起作用，应重新调整导向机构，修理导向链条，使其恢复正常工作；回收传动皮带的原因，应重新调整传动皮带的紧度或更换合格的传动皮带
4	PE 管回收时各层速度不变	地表面有障碍物，影响 PE 管回收时的正常速度	应根据地表状况，重新设置 PE 管回收速度（应降低速度）
5	PE 管回收时，达不到选定的回收速度	驱动机构选择不正确，导致回收速度过慢	按要求选择适宜的传动机构（包括三角皮带和齿轮变速机构等）
6	PE 管无法拉伸	变速杆位置不正确或者刹车带粘贴在刹车毂上	前者将变速杆置于拉伸位置即可，后者应放松刹车带故障即可排除

（续表）

序号	故障现象	故障原因	解决办法
7	喷头不喷水	喷灌机喷嘴严重堵塞，导致喷头不喷水	可卸下喷嘴，彻底清除堵塞物并使其畅通，然后按功能表上的标准检查水的压力和流量直至合格为止
8	水涡轮部件漏水	由于使用不当或长期不对其进行保养等因素，造成水涡轮部件漏水，致使整个喷灌机压力不足，工作效率低，主原因是密封组合件严重损坏	按要求更换上合格的密封组合

四、水泵

除少数利用地形落差造成自由水压作自压喷灌外，大多数喷灌系统都需要用泵来加压，产生压力水头。

1. 喷灌用泵的种类及其使用要求

常用为卧式单级离心泵，扬程一般为30～90m；深井水源采用潜水电泵或射流式深井泵；如要求流量大而压力低，可采用效率高而扬程变化小的混流泵；移动式喷灌系统多采用自吸离心泵或设有自吸或充水装置的离心泵，也使用结构简单、体积小、自吸性能好的单螺杆泵。水泵的工作过程是动力机带动喷水泵运转后，泵内的叶轮在高速运转产生的离心力作用下，叶轮流道里的水被甩向四周，压入蜗壳，叶轮入口形成真空，水池或储水罐的水在外界大气压作用下沿吸水管被吸入，补充了这个空间，继而被吸入的水又被叶轮甩出蜗壳，进入水管，再压入喷头，喷洒到田间或草场的作物上。

（1）喷灌用泵的种类。

①对于一般的喷灌系统，可选用结构简单的单吸或双吸式离心泵。国内常见的为卧式离心泵，而国外为了缩小泵房面积或露天安装，则用立式离心泵。

②对于高扬程灌区，则可用多级泵，或用普通离心泵串联。

③水源为深井时则用深井泵。

④对于池塘等作为水源的小型喷灌系统，亦可用潜水电泵抽水。

⑤对于移动频繁的喷灌机则用自吸泵或在普通泵上加自吸装置。如隔膜泵、唧筒、废气或进气自吸装置等。而对于固定泵站则用真空泵或射流泵等

其他抽水装置。

（2）喷灌用泵的要求。

①我国多数地区的喷灌是一种补充性喷灌措施，年工作量小于 2 000h，一般在 1 000h 左右，环境较恶劣，再加上水质含沙等杂质，尤其对装在移动式喷灌机上的泵，日晒雨淋，工作环境差，而喷灌系统一般又不设置备用泵，因此要求泵的结构、材质均能与这一工况相适应，减少维修工作量，确保运行可靠。

②对于喷灌机，一般的设计顺序是先选动力，再配泵，再配喷头等。对于喷灌系统，则设计顺序与它相反，但不论何种情况，都必须注意泵的功率和转速与动力相匹配，泵的扬程和流量与喷头或整个管网的要求相匹配，这一点常常是喷灌机或喷灌系统设计成败的关键，为达到这一目的，有时亦需改变泵的性能。

③目前喷灌用泵多属于低比转速泵，这种泵由于结构上的原因，效率低，因此设法提高泵的效率，对于较少喷灌能耗，降低运行费用，有较大的意义，尤其对于移动式喷灌机上使用的泵，启动频繁，常希望配置自吸泵，一般自吸泵的效率比普通离心泵低，这一矛盾更加突出。

近年来，由于移动喷灌机的发展速度较快，开始研究适合喷灌用的自吸泵，或专称为“喷灌泵”，在自吸结构上及叶轮水力模型上作了不少改进，泵的效率有较大提高。

2. 管道及附件

喷灌设备的管道系统包括固定管道系统和移动管道系统两类。固定管道系统与建筑工地和水利工程使用的管道系统相同，常用有铸铁管、普通钢管、预应力或自应力钢筋混凝土管、石棉水泥管及塑料管等，多数埋设于地下。

移动管道系统是喷灌专用的管道系统，常用镀锌薄壁钢管、铝合金薄壁管和塑料管。镀锌薄壁钢管重量较轻而强度较高，能经受碰撞，防蚀耐磨，使用寿命较长，带有双挂钩球形或其他形式的快速接头，以及 S 形连接管、弯管接头、三通、支承架管附件。

铝合金薄壁管具有重量轻、强度高、耐腐蚀、使用寿命长、材料能回收等特点，但成本较高，弹性较差，不易修补。配有双挂钩球形、单挂钩承扦式等快速接头及 S 形连接管、给水栓等成套附件。

用于喷灌设备的塑料管品种很多，常用的有聚氯乙烯硬（软）管、高压聚乙烯半软管、改性聚丙烯硬管、钙塑聚乙烯硬管、维塑软管等。制造工艺简单，有一定的柔性，可适应地形变化，管壁光滑、耐腐蚀性好，重量轻，使用方便，但易受温度影响及易受紫外线辐射而老化。

硬塑料管一般适用于地下埋设的固定管道系统，软塑料管以维塑软管居多，在轻、小型喷灌机上获得广泛应用，其工作压力一般为0.4～0.5MPa，多采用内转环式或旋扣式快速接头。

3. 水泵喷灌机的在正确使用及故障排除

（1）使用前的准备。

①采用三角皮带传动时，动力机主轴和水泵必须平行，皮带轮要对齐，其中心距不得小于两皮带轮直径之和的2倍。当水泵与动力机相连时，应配共同底盘，可采用爪型弹性联轴器，要注意动力机主轴和水泵轴的同心度。

②水泵安装高度（以吸水池水面为基准）应低于允许吸上真空高度1～2m。作业位置的土质应坚实，以防止崩塌或陷入地面。

③进水管路安装要特别注意防止漏气。滤网应完全淹没在水中，其深度在0.3m左右，并与池底、池壁保持一定距离，防止吸入泥沙等杂质和空气。

④铺设出水管道时，软管应避免与石子、树皮等物体摩擦，避免车轮碾压和行人践踏，切勿与运行机件接触。软管应卷成盘状搬动，切勿着地，硬管应拆成单节搬运，禁止多节联移，以防磨损和损坏管子及接头，管道应避免暴晒和雨淋，以防塑料管变形或老化。

⑤将喷架支撑在地面，喷架接头端面应尽量安置水平，然后固定喷架。把喷头安装在喷架上，检查喷头转动是否灵活，拉开摇臂看其松紧度是否合适，在转动部位加注适量机油。然后将快速接头擦抹干净连接好。

⑥启动前，检查泵轴旋转方向是否正确，转动速度是否均匀，不能有卡住、异声等不正常现象。

⑦离心泵启动前，应向泵内加满水，待充满进水管道及泵体后才可启动。

（2）故障与排除见表4－8。

表4－8　水泵喷灌机故障及排除

序号	故障现象	故障原因	解决办法
1	泵不出水	自吸泵内储水不够；进水管接头漏水；吸程过高；转速太低	应增加储水量；更换密封圈；降低吸程；提高转速

（续表）

序号	故障现象	故障原因	解决办法
2	出水量不足	进水管滤网或自吸泵叶轮堵塞；扬程太高或转速太低；叶轮环口处漏水	应清除滤网或叶轮堵塞物；降低扬程或提高转速；更换环口处密封圈
3	输水管路漏水	快接头密封圈磨损或裂纹；接头接触面上有污物	应更换密封圈；清除接头接触面污物
4	喷头不转	摇臂安装角度不对；摇臂安装高度不够；摇臂松动或摇臂弹簧太紧；流道堵塞或水压太小；空心轴与轴套间隙太小	应调整挡水板、导水板与水流中心线相对位置；调整摇臂调位螺钉；紧固压板螺钉或调整摇臂弹簧角度；清除流道中堵塞物或调整工作压力；打磨空心轴与轴套或更换空心轴与轴套
5	喷头工作不稳定	摇臂安装位置不对；摇臂弹簧调整不当或摇臂轴松动；换向器失灵或摇臂轴磨损严重；换向器摆块突起高度太低；换向器的摩擦力过大	应调整摇臂高度；调整摇臂弹簧或紧固摇臂轴；更换换向器弹簧或摇臂轴套；调整摆块高度；向摆块轴加注润滑油
6	喷头射程小，喷洒不均匀	摇臂打击频率太高；摇臂高度不对；压力太小；流道堵塞	应调整摇臂弹簧；调整摇臂调节螺钉，改变摇臂吃水深度；调整工作压力；清除流道中堵塞物

五、喷灌系统的安装

1. 管道的安装

目前常用的管材主要有镀锌管和 U－PVC 管。这两种材料相比，U－PVC 管更具有光滑性、排放流畅，较同直径的镀锌管流速提高 30% 至 40%，不堵塞、不生锈、耐腐蚀、耐老化、结构轻巧、重量仅为镀锌管的 1/7、价格便宜、可极大的降低工程成本，而且施工简单、方便，无需正规的管道施工人员，因而已成为喷灌工程的主要材料。下面就以 U－PVC 管材为例作以说明。

（1）放样。画线根据图纸，确定管道的实际位置，用石灰画线作标志。

（2）开沟。一般需要开 30cm × 30cm（沟深视当地的冻土层厚度而定）的管道沟，要求沟底平整（如草坪已建好，则需将草坪移走），沟底最好按水流的方向有一定的坡度，以便排水之用。

（3）管道连接。从水源处开始，先主管后支管。

有关粘胶承插口的 U－PVC 管材的操作程序：

①根据图纸决定管材长度。

②保持端面垂直、平整。

③将两端的粘和面用砂纸擦拭干净。

④根据所需的承接深度刻上记号。

⑤在两端指定面上用毛刷均匀地刷上专用 U－PVC 黏合剂。

⑥将管材插入承接口，直到记号线，并旋转 90°，将黏和面的气泡除去，并及时擦去多余的黏合剂。

如果是密封圈承插口 U－PVC 管材，那么安装时就更容易了，只要注意将密封圈较厚的一侧放在里面就行了，也可在需插入的管材上刷上肥皂水，以加强润滑度。

2. 喷头的安装

（1）喷头的高度：如果是地埋式伸缩喷头，那么喷头的顶部应和地面相平。需要注意的是，如果是新建植的草坪，要考虑坪床的自然沉降。

（2）活动千秋架：在一些运动场地如高尔夫、足球场草坪，对喷头的高度要求较高，这时就应考虑选用活动千秋架了，以便灵活地调整高度。

（3）保持竖直平地上安装：要保证喷头的竖直，灌木型喷头要用支架固定。

3. 控制系统的安装

（1）用有颜色标志的电缆线联接控制器和电磁阀：你所需要的电缆线的根数是每个电磁阀需一根，再加一根公用线。例如：你需要灌溉 5 个区域（5 个电磁阀），那么至少需要 6 根足够长的电缆线进行联接。

（2）联接电缆：先沿着从控制器到电磁阀的路径进行电缆线的敷设，有可能的话，最好对电缆线进行护套保护，以免伤害。在每根电缆的拐弯处预留一个线圈，以保证电缆线不至于装得太紧并可防止热胀冷缩。

（3）联接电磁阀时：需采用防止接头。每个电磁阀需要一根电缆线，再用一根公用线联接每个电磁阀上的另一个接头。

（4）控制器上的“AC”是联接电源（交流电）的；“C”是联接公用线的，“1”“2”等是联接每个电磁阀的接线柱。

（5）在选用控制器时：可以考虑预留一二站，以备今后扩容之需。例如，你需要浇灌 6 站灌区，在选用控制器时可以考虑选用 8 站的。

（6）根据电磁阀的工作原理，迫使磁阀开启的动力是系统的压力，要特别注意：如果管道的水流和压力不足，会导致电磁阀无法正常工作。

4. 系统的调试

每个系统安装完毕后都应该进行初次调试和全面检测，如有问题应及时调整，只有系统已达到设计的要求后才能回填土层，平整场地。

5. 系统的维护

经常检查水源情况，保持水源的清洁，特别是要检查水源的过滤网是否完好，以免砂粒进入管道系统，造成喷头堵塞。在开启喷灌系统时，应将主阀门慢慢打开，以免瞬间压力过大造成管道系统及喷头的破裂。

在日常对草坪的养护保养过程中，要特别注意避免喷头遭到机械的破坏，尤其是旋刀式剪草机很容易将喷头削掉，还要防止人为的破坏。寒冬季节，要注意防冻措施。

第五章

草场植保机械

第一节　植保机械概述

一、植保机械的作用及分类

1. 植保机械作用

为了使牧草在生长过程中免受病、虫、草害的影响以及促进或调解植物正常生长，广泛的使用植物保护机械进行病虫害的防治。植保机械可完成的主要工作有：喷施杀虫剂用以防治牧草虫害、喷施杀菌剂用以防治牧草病害、喷施化学除草剂用以防治杂草、喷施液体粉料对作物进行叶面追肥、喷施用于防治病虫害用的病原体与细菌等生物制剂、喷洒人工培养的昆虫进行植物病虫害的生物防治，对病虫害施以射线、光波、电磁波、超声波以及火焰、声响等物理能量，达到控制或灭除的目的。

2. 植保机械的分类

（1）一般按所用的动力分为：人力（手动）植保机械、畜力植保机械、小动力植保机械、拖拉机配套植保机械、自走式植保机械、航空植保机械。

（2）按照施用化学药剂的方法可分为：喷雾机、喷粉机、土壤处理机、种子处理机、撒颗粒机等、毒饵撒布机。

3. 植保机械的防治方法

(1) 喷雾法。通过高压泵和喷头将药液雾化成100~300μm的方法，有手动和机动之分。

(2) 弥雾法。利用风机产生的高速气流将粗雾滴进一步破碎雾化成75~100μm的雾滴，并吹送到远方。特点是雾滴细小、飘散性好、分布均匀、覆盖面积大、可大大提高生产率和喷洒浓度。

(3) 超低量法。利用高速旋转的齿盘将药液甩出，形成15~75μm的雾滴，可不加任何稀释水，故又称超低容量喷雾。

(4) 喷烟法。利用高温气流使预热后的烟剂发生热裂变，形成1~50μm的烟雾，再随高速气流吹送到远方。

(5) 喷粉法。利用风机产生的高速气流将药粉喷洒到作物上。

二、植保机械的技术要求

要有安全装置和防护设备，以保护工作人员的生命安全，其中，工作压力大于0.6MPa的喷雾机应配有安全阀及压力指示装置。

与药液接触的零部件，要有良好的抗腐蚀性和耐磨性能，如液泵、喷头、喷枪、药液箱等。

根据农业技术要求，应能将液体、粉剂、颗粒等各种剂型的农药均匀地分布在施用作物对象所要求的部位上。

对所施用的化学农药应有较高的附着率。

有足够的搅拌作用，应保证整个喷洒时间内保持农药相同的浓度。

机具应具有良好的通用性，能适应多种作业的需要。

三、国内外植保机械的发展

国外植保机械的发展，根据各国的情况各有其特点。如日本地块较小，经营分散，故以发展小型动力配套的背负式和担架式植保机械为主。美国、俄罗斯、加拿大等国，土地面积大而较平坦，故以发展与拖拉机配套的悬挂式和牵引式等大型植保机械为主，国外植保机械正在向着机动、大型、多用、高生产率、高机械化、自动化的方向发展，如发动机功率达160hp、喷幅宽达30余米、药箱容积达4 000L。又如机动背负式喷雾机逐步发展成喷雾、喷粉、弥雾、超低量喷雾、喷烟、喷湿粉、撒颗粒等多用机。近年来，自走式植保机械、超低量喷雾机、航空植保均发展较快，在操纵方面多采用液压操纵装置（用于喷杆折叠）、自动调节装置和计量泵等。

我国植保机械是在解放后发展起来的。在国家有关部门的支持下，各省、市、自治区先后建立了农药机械厂。其发展主要经历了仿制、自行研制、联合设计与攻关等几个阶段，由人力到机动的迅速发展过程，广泛采用新结构、新材料、新工艺，设计制造了许多新的产品。基本解决了农作物的植保问题，促进了农业生产的发展。20 世纪 90 年代以来，国家主管部门坚持一靠政策、二靠科学、三靠投入的原则，使我国植物保护机械走上了健康发展的道路。国外先进技术不断消化、吸收，形成了一片繁荣景象。目前，虽然我国植保机械已达到或超过世界先进水平，但仍有大量工作有待继续努力。

第二节　不同类型的植保机械

一、背负式手动喷雾机

喷雾是利用专门的装置把溶于水或油的化学药剂、不溶性材料（可湿性粉剂）的悬浮液、各种油类以及油与水的混合乳剂等分散成细小的液滴，均匀地散布在植物或防治对象表面，达到防治目的，是应用比较广泛的一种施药方法。

1. 背负式手动喷雾机结构

背负式喷雾机由机筒、气室、出水管、手柄开关、喷杆、喷头、摇杆部件和背带系统组成，通过摇杆部件的摇动，使皮碗在唧筒和气室内轮回开启与关闭，从而使气室内压力逐渐升高（最高 0.6MPa），药液箱底部的药液经过出水管再经喷杆，最后由喷头喷出雾来。背负式喷雾机主要将气室和泵合二为一，且内置于药液箱内，结构紧凑、合理、安全可靠、轻便、省力、升压快，可配有双喷头、扇形喷头、空气圆锥雾喷头和可调单喷头，满足对不同作物的喷雾需要。

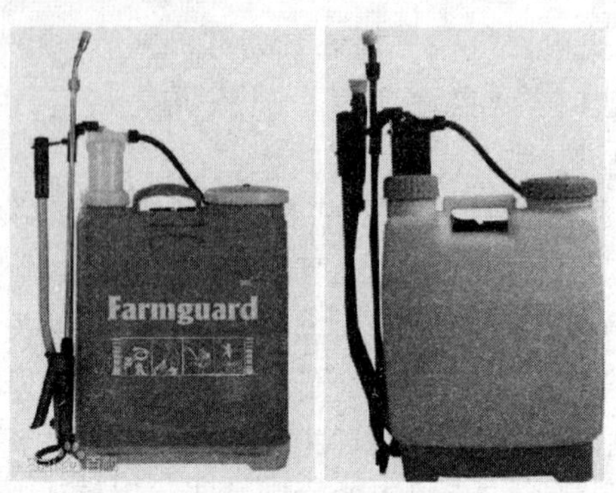

图 5－1　背负式喷雾机结构

2. 背负式喷雾机正确使用及保养

背负式喷雾机（图 5－1）。正确使用要注意以下几点。

（1）要正确安装喷雾器零部件，检查各连接是否漏气，使用时，先安装清水试喷，然后再装药剂。

（2）使用时，要先加药剂后加水，药液的液面不能超过安全水位线。喷药前，先扳动摇杆 10 余次，使桶内气压上升到工作压力。扳动摇杆时不能过分用力，以免气室爆炸。

（3）初次装药液时，由于气室及喷杆内含有清水，在喷雾起初的 2～3min 内所喷出的药液浓度较低，所以应注意补喷，以免影响病虫害的防治效果。

（4）工作完毕，应及时倒出桶内残留的药液，并用清水洗净倒干，同时，检查气室内有无积水，如有积水，要拆下水接头放出积水。

（5）若短期内不使用喷雾器，应将主要零部件清洗干净，擦干装好，置于阴凉干燥处存放。若长期不用，则要将各个金属零部件涂上黄油，防止生锈。

3. 在使用中常出现的故障及排除方法

（1）喷雾压力不足，雾化不良：若因进水球阀被污物搁起，可拆下进水阀，用布清除污物；若因皮碗破损，可更换新皮碗；若因连接部位未装密封圈，或因密封圈损坏而漏气，可加装或更换密封圈。

（2）喷不成雾：若因喷头体的斜孔被污物堵塞，可疏通斜孔；若因喷孔堵塞可拆开清洗喷孔，但不可使用铁丝或铜针等硬物捅喷孔，防止孔眼扩大，使喷雾质量变差；若因套管内滤网堵塞或过水阀小球搁起，应清洗滤网及清洗搁起小球的污物。

（3）开关漏水或拧不动：若因开关帽未拧紧，应旋紧开关帽；若因开关芯上的垫圈磨损，应更换垫圈；开关拧不动，原因是放置较久，或使用过久，开关芯因药剂的浸蚀而粘结住，应拆下零件在煤油或柴油中清洗；拆下有困难时，可在煤油中浸泡一段时间，再拆卸即可拆下，不可用硬物敲打。

（4）各连接部位漏水：若因接头松动，应旋紧螺母；若因垫圈未放平或破损，应将垫圈放平，或更换垫圈；若因垫圈干缩硬化，可在动物油中浸软后再使用。

二、机引喷雾机

1. 牵引式喷雾机结构

牵引式喷雾机是以 30 马力以上拖拉机配套完成喷洒作业，将药液分散开来的一种农业植保机械，有悬挂式和牵引式等机型，配备低压大排量液泵，由拖拉机动力输出轴驱动，长喷杆喷洒，幅宽可达 12m 以上或者更宽，可喷施杀虫剂、杀菌剂、化学除草剂以及液肥等。其主要特点如下。

（1）药液箱容量大，喷药时间长，作业效率高。

（2）喷药机的液泵，采用多缸隔膜泵，排量大，工作可靠。

（3）喷杆采用单点吊挂平衡机构，平衡效果好。

（4）喷杆采用拉杆转盘式折叠机构，喷杆的升降、展开及折叠，可在驾驶室内通过操作液压油缸进行控制，操作方便、省力。

（5）可直接利用机具上的喷雾液泵给药液箱加水，加水管路与喷雾机采用快速接头连接，装拆方便、快捷。

（6）喷药管路系统具有多级过滤，确保作业过程中不会堵塞喷嘴。

（7）药液箱中的药液采用回水射流搅拌，可保证喷雾作业过程中药液浓度均匀一致。

（8）药液箱、防滴喷头采用优质工程塑料制造。

2. 牵引式喷雾机的主要参数

牵引式喷雾机。参见图5-2，表5-1所示。

图5-2 牵引式喷雾机
（引自 http：//www. ppxmw. com/ProductDetail. aspx？ ID =60201）

表5-1 部分牵引式喷灌机参数

技术指标	参数	
机型	东方红3W-800Y/1000Y型	中机美诺3920牵引式喷雾机
药箱容量（L）	800L/1 000	2 000、3 000（可选配）
药箱材质	玻璃钢、聚乙烯	玻璃钢、聚乙烯
升降折叠方式	液压	液压
喷杆喷幅（m）	6~10m分5段折叠，12m分7段折叠	18~25
喷杆工作压力（Mpa）	0.2~0.4	0.5
泵	隔膜泵	隔膜泵
液泵流量（L/min）	70	210
喷头	四级过滤，进口喷头	进口喷头
搅拌方式	高压射流搅拌	高压射流搅拌

三、自走式高地隙喷杆喷雾机

在高地隙自走底盘上装备由液泵、喷杆、喷头等组成的喷雾系统及由液压驱动的风机、风管等组成的风幕系统。喷雾压力及喷雾量可调，沿喷幅方向布置的风幕装置有利于防止和减少细小雾滴的飘移，同时可以提高雾滴在作物丛中的穿透能力，增加雾滴的附着力，提高防治效果，适用于病虫害防治及化学除草（图5－3，表5－2）。

1. 自走式高地隙喷杆喷雾机

参见表5－2及表注。

图5－3 自走式高地隙喷杆喷雾机

（引自 http：//www. nongjitong. com/product/john_ deere_ 4630_ sprayer. html）

表5－2 自走式高地隙喷杆喷雾机技术参数

技术指标	参数	
机具型号	3WZG－3000	4630 自走式喷雾机
传动方式	液压传动	全时四轮起动
发动机功率（Hp）	110	165
缸数	4	6
药箱容积（L）	3 000	2274
喷幅（m）	21（风幕系统）	18/24
作业速度（km/h）	0～8	0～20
运输速度（km/h）	0～22	0～43. 5
一般制动	前轮油压鼓式，后轮油压盘式	液压式泄压
手刹制动	盘式	静液压
转向	液压助力	液压助力
转弯半径（m）	4	4. 9
轮距（m）	2. 1～2. 6（可调）	较窄时为1. 83～2. 24，较宽时为2. 29～3. 05
地隙（m）	1. 35	1. 8
喷杆作业高度（m）	0. 6～1. 8	0. 4～2. 5

（续表）

技术指标	参数	
GPS	可选配 Centerline220 系统	配置
驾驶室	密闭，可选装空调	密闭，空调

注：4630 喷雾机配备智能化精准农业管理系统，是 GPS 导航、产量图、变量施用和喷杆控制产品的完整组合，包括 AutoTrac 自动驾驶系统、BoomTrac Pro 喷杆高度传感器、Automatic Boom Leveling 喷杆自动保持水平系统、Swath Control Pro 喷杆喷药单独自动控制系统，通过 GS3 2630 显示器进行这些智能化控制，可以帮助用户更精准地控制喷雾效果和喷杆离地高度，监视障碍物情况，并且能够极大的方便用户的夜间作业，这些在很大程度上提升喷雾机的作业效率，从而使喷雾机的操作更加舒适、更加精确和更加有效。喷杆高度传感器 BoomTrac Pro 帮助用户自动调整喷杆高度，通过保持喷杆高度的一致性，提高喷雾的准确性和高效性，同时减少漂移和漏喷，极大地提高作业效率

2. 高地隙自走式喷杆喷雾机的使用与调整

（1）使用前的检查。

①检查机具各处的紧固件有无松动现象，如发现松动，应及时紧固。

②检查发动机机油尺、油面是否在规定刻度之内。若油量不够应加足后使用，加油不可超出标尺刻度上限。

③检查机具燃油箱内的燃油是否充足，若油量不够须加足。

④检查变速箱、副箱、分动箱、后桥、驱动箱齿轮油面，油量不足时要添加。

⑤检查机具上所有的黄油润滑点，加注足够的润滑油。

⑥检查液压油箱中的液压油是否充足。

⑦检查喷杆上组合式防滴喷头的喷嘴有无丢失或损坏。

⑧检查电瓶电压，电量不足时要充足电。

⑨检查轮胎的气压是否充足。

（2）使用前的准备。

①机器调试使用之前，应仔细阅读使用说明书，掌握喷雾机施药作业的相关操作、设备的日常维护和常见故障的诊断及解决方法，包括关键部件喷药控制系统、药泵、喷药管路系统的工作原理、操作、维护和使用方法、系统的维修保养等。

②第一次使用机器之前，操作人员应该经过一定的操作培训，建议使用清水试压。

③准备好田间作业所需要的农药。

④准备好各种必须的防护用品。

⑤给底盘的燃油箱内加入足够量的清洁 0 号柴油。

⑥按照隔膜泵使用说明书要求，给隔膜泵的泵腔内加入足够量的清洁 40 号柴机油，并给隔膜泵的气室打足 0.3～0.4MPa 的气压。

⑦给液压驱动系统的储油箱内加入 3/4 容积的液压油。

⑧向主药液箱内加入约 1/2 容积清洁的清水。

（3）喷雾机的调节和试运转。

①启动发动机，并逐步加大油门，使发动机达到额定转速。升降油缸，检查喷杆升降情况，若油路内有空气，可反复操作几次排净空气。检查左右喷杆桁架的展开和折叠是否同步并准确到位，否则须分别调节左右喷杆桁架折叠油缸的螺杆长度，直至符合要求为止，并锁紧螺母。

②将喷杆桁架提升至适当的离地高度，将左右喷杆桁架展开成水平状态，切断控制喷杆桁架折叠油缸的油路。

③接合风幕风机离合器和药液泵离合器，并逐步增大拖拉机的油门，检查液压齿轮泵、输液泵的运转是否正常。

④打开风幕风机电磁阀，旋动溢流阀手轮，逐步增加液压操纵系统中的供油压力，检查液压马达和轴流风机的运转是否正常，并检查出风管沿整个喷幅的出气是否均匀，出气速度是否符合要求。

⑤打开喷雾总开关和三组分配阀，使喷雾机处于喷雾状态，然后，调整喷雾压力，将喷雾机的喷雾压力调至规定值，检查所有喷头的喷雾状态是否良好，并检查喷雾系统的各个密封部位有无渗漏现象。

⑥安装、调试完毕后，操纵喷杆桁架的两个折叠油缸，将喷杆桁架折叠成运输状态，并通过升降油缸降下喷杆，然后搁置在喷杆托架上，此时，机具已处于待命状态，备足农药后即可开赴作业地点，进行田间喷雾作业。

（4）操作方法。

①喷雾参数的设置与喷雾机行驶速度、单位面积的药液喷施量（根据药剂的使用说明进行确定）及使用的喷嘴型号有关，喷雾机行驶速度要根据作业的地面地形条件进行调整。

②可通过送水车给机具的药液箱加水至额定容量，或将机具开到距作业地点最近的水源处，用小型汽油机离心泵机组给药液箱加水。

③向药液箱加水后，关闭喷雾总开关，向药液箱内按农药的使用浓度加入相应比例的农药，然后通过机具液流系统内循环将药液箱中的药液充分进行搅拌。当采用小型汽油机离心泵机组给药液箱加水时，可在加水的同时，

向药液箱内加入农药，这样在加水过程中即可完成药液搅拌。

④加水、加药后，分离动力输出轴，将机具开到作业现场，停在第一作业行程的起点处，将喷杆桁架展开至作业状态，下降到作业高度。

⑤确定作业速度，选好行进挡拉后，接合分动箱，使变速箱同时驱动输液泵和液压齿轮泵运转，并打开液压驱动控制阀，使液压马达驱动轴流风机运转，然后松开离合器，并迅速打开喷雾总开关，加大油门，使机具进行喷雾作业。

⑥地头转弯时如不需要喷药，驾驶员应及时关闭喷雾总开关以节省农药，转入第二行程作业前，驾驶员应及时打开喷雾总开关，由上一行程转入下一行程作业时，驾驶员应注意对准交接行，以防止漏喷或重喷，当药液箱内的药液接近喷完时，驾驶员应及时分离动力输出轴，并将机具转为运输状态，然后将机组开赴加水处，重新加水、配药，以便继续作业。

⑦限压安全阀已在出厂前调整好，用户一般不需自行调整，如果用户在使用过程中发现喷雾压力过高（超过0.6MPa）或较低（低于0.5MPa），则可按说明书进行调整。

⑧当需更换不同喷雾量的喷嘴时，把喷头帽组件从喷雾机上卸下来，取出喷头密封圈，把现有喷嘴换成选定喷嘴，然后装上喷头密封圈，把喷头帽组件装到喷头体上即可。

（5）安全操作注意事项。

①机具在道路上行驶时要遵守交通规则，上路之前请检查灯光、喇叭、刹车和紧急制动功能是否完善，保证喷杆处于折叠状态，且保证喷杆托架已经托住喷杆。机具在起步、升降及喷杆展开或折叠时应鸣笛示警。在道路运输及作业过程中，严禁人员站在机器上，驾驶室内亦不得超员。应时刻注意道路交通状况能否满足机具的尺寸。

②机具工作前，应检查各控制按钮，并掌握各按钮的操作规程。机具启动后，不得再乘坐其他人，也不得牵引其他机器。要尽量避免急刹车或突然加速，这样做会造成主药箱中的水发生涌动，使机器不稳。机具熄火后，应打开驻车制动、锁定工作部件，并将操纵杆置于中位，然后再对机具进行保养。

③操作人员应具备自我防护意识，作业时需佩戴防护装备（衣服、手套、鞋子等）。操作人员不得在中途进行喝水、吃东西、吸烟等可能产生农药中毒效果的行为。一旦作业人员出现身体不适等症状，应立即去医院就医。作业时，驾驶员必须精力集中，机器停稳后方可上下人员。

④严禁在发动机未熄火时进入机器下方进行检查、保养、维修。作业中出现故障，需立即停车、熄火、关闭药液分配阀，然后方可进行检查。对机具电控系统进行保养前，应首先断电。保养检修时，机器必须停放在平整坚实的地面上，须用坚固的物体支撑住机器。进行作业、维护保养及操作喷杆时，喷杆摆动范围内及喷杆下方均不允许站人。除非进行必要的维修保养，人员不得进入药箱。喷药作业后，如药箱内有残余药液，则应按照有关环保规定进行处理，不得随意排放。应定期检查高压液压管路，以及时发现隐患。

⑤处理农药时，应遵守农药生产厂提供的安全说明，并遵照国家有关环保规定。冲洗药箱及喷药管道时，喷头、过滤器及清洗操作人员防护用品的废水应按照有关环保规定处理，不得随意排放。

⑥注意机器上的警示和安全标志，并保证其清洁完好。

（6）喷雾机维护保养。

①在机具累计工作100h后，应将隔膜泵泵腔内的旧机油及变速箱箱体内的旧机油全部放尽，并更换新的清洁的40号柴机油。应每隔200h更换一次新机油。

②在机具累计工作100h后，拆下轴流风机上的防护网，采用直管式黄油枪，通过导流器支撑毂上的黄油嘴，为轴流风机的轴承处加注足够量的黄油。每隔200h给轴流风机的轴承加注一次润滑油。

③机具累计工作500h后，应检查蓄电池内蒸馏水量是否充足，并更换液压工作管路和液压驱动管路中的过滤器，同时更换发动机空气滤清器，排放液压油箱和液压过滤器中的液压油，并进行彻底清洗。

④间隔1 500h（或每两年）应更换发动机冷却液和液压油，喷雾机行走驱动液压系统必须使用正规液压油生产商出售的HV46号液压油。

（7）长期存放。

①断开电源电极。

②向需要润滑的各个部位注入润滑油。

③检查喷雾机的各个部件，紧固松动部位，更换损坏部件和维修管路的泄漏部位。

④仔细冲洗液压系统，按照说明书保养和维护说明更换液压油和液压油过滤器。

⑤清洗喷雾机的各个部分，确保各阀门和管路都没有农药残留，将药箱和水箱中的残留物彻底排放。喷雾机清洗结束后，放空药箱中的水，把各阀

门全部打开，让水泵空转几分钟，使喷药管路中的水尽可能排净，直至喷头有空气喷出。

⑥喷雾机晾干后，应拭除生锈部位，并对碰损和划伤的部位进行补漆。将喷雾机金属零部件表面涂上薄薄的一层防锈油，并在没有完全缩回的液压油缸的活塞杆上涂抹黄油，但要避免将防锈油涂抹到轮胎、胶管及其他橡胶零部件表面上。可将喷雾机用防水油布盖上。

⑦冬季应在喷药系统管路和水泵内填充防冻液，以避免各部件被冻裂。向药箱中加入100L防冻混合液，包括1/3的防冻剂和2/3的水。启动水泵和各操作阀，使防冻混合液充满整个喷药管路以及喷头。

（8）将机具存放在阴凉、干燥、通风的机库内。应避免有腐蚀性的化学物品靠近机具，并且机具要远离火源。

（9）自走式喷杆喷雾机系列产品的常见故障及排除方法（表5－3）。

表5－3　自走式喷杆喷雾机系列产品的常见故障及排除方法

故障现象	原因	排除方法
1. 发动机过热	发动机冷却液不足	补充发动机冷却液
	发动机冷却器堵塞	清洗冷却器
2. 发动机不启动	蓄电池没电	给蓄电池充电
	电线松动或腐蚀	更换电线，连接牢固
	启动器或启动线圈故障	更换启动器，检修启动线圈
3. 液压油过热（超过80℃）	液压油箱油位低	补充液压油
	冲洗阀冲洗流量低	调节冲洗阀冲洗流量
	液压油冷却器堵塞	清洗液压油冷却器
	液压泵或马达内部泄漏大	更换液压泵或马达端面密封
4. 液压系统有噪音	吸油管路松动，系统中有空气	更换密封圈，拧紧吸收管路接头
	油液过粘或油温过低	更换机具要求的液压油
	补油泵进油管路堵塞	清洗补油泵进油管路接头，保证管路通畅
5. 喷嘴喷雾不均匀或不喷雾	喷嘴滤网堵塞	清洗或更换滤网
	喷孔堵塞	清洗或更换喷嘴
6. 防滴阀漏水或在喷雾时不滴水	防滴阀内的橡胶隔膜压紧度不够	旋动防滴阀的压紧螺帽，调整防滴阀内橡胶隔膜的压紧程度，直至防滴阀能够防滴为止

（续表）

故障现象	原因	排除方法
7. 喷雾液泵的流量不足或压力过小	发动机转速过低	发动机转速达到要求转速
	调压阀、压力传感器进口堵塞或损坏	清洗或更换调压阀或压力传感器，检查压力表或传感器进口是否堵塞
	药液箱出水过滤器堵塞	清洗药液箱出水过滤器的滤网
	调压的阀芯卡死	更换调压阀阀芯上的O形密封圈，并在O形密封圈上涂抹适量润滑油
8. 喷雾液泵的压力过高，但喷头的喷量不足	隔膜泵的出水过滤器堵塞 喷头滤网堵塞	清洗隔膜泵的出水过滤器滤网 清洗或更换喷头滤网
9. 出水管震动剧烈，压力表指针摆幅过大	泵的空气室内气压不足	用打气筒给泵的空气室补足气压
	药液箱内药液几近用完	切换药液箱供液或给前后药液箱重新加水加药
10. 轴流风机的转速不足，出风量偏小	液压油箱内的油量不足，造成液压驱动系统中的油温过高	给液压油箱补足液压油
	液压油箱上溢流阀阀芯松动，造成液压驱动系统中的压力下降	松开溢流阀阀芯的锁紧螺母，顺时针缓慢旋紧溢流阀的阀芯，待轴流风机的转速升至额定转速时，将锁紧螺母锁紧
11. 高地隙自走式底盘的传动链条松动	链条张紧轮松动下移	将链条张紧轮上移，重新张紧传动链条

四、机动喷粉、喷雾机

1. 喷粉、喷雾机的结构

喷粉、喷雾机几乎都是利用风机产生的气流将粉剂微粒吹送出去，或呈飘浮状态进而沉降在防治对象上，或由气流直接将粉粒喷撒在植物的枝叶上。背负式喷粉机主要由药粉箱、风机、喷撒部件及传动装置等组成。工作时汽油机带动风机叶轮高速旋转，风机外壳内空气被叶片沿圆周切线方向压出，叶轮轴心部分形成真空，外界空气又被吸入，再次被叶轮压出。风机产生的大股高速气流流经主喷管，一部分高速气流经进风阀进入吹粉管，由吹粉管壁上数个小孔喷出，在反射板作用下将药粉吹向排粉门。主喷管内由于高速气流通过而产生负压，药粉在压力差作用下，经输粉管吸入弯头和喷管，又被从风机来的高速气流吹送到远处的目标物。这类剂型还可以将药液雾化成极细雾滴，在牧草上进行超低量喷雾作业，杀灭害虫。

WFB－18G 型背负式喷雾喷粉机主要技术参数（图 5－4，表 5－4）。

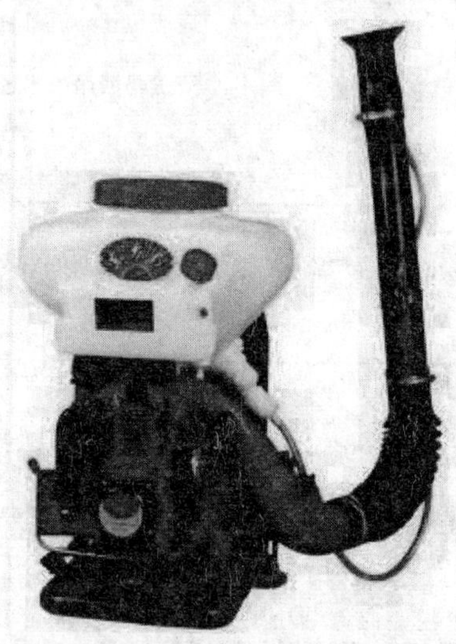

图 5－4　WFB－18G 型背负式喷雾喷粉机

（引自 http：//www. nongjitong. com/product/3512. html）

表 5－4　WFB－18G 型背负式喷雾喷粉机技术参数

技术指标	参数
药箱容积（L）	12
机器净重（kg）	≤10. 5
额定功率（kW，r/min）	1. 18，5 000
配套动力	1E40F
水平射程（m）	≥9
垂直射程（m）	≥7

2. 机动喷雾、喷粉机使用与保养

（1）正确使用。

①按说明图正确安装机动喷雾器零部件，安装完后，先用清水试喷，检

查是否有滴漏和跑气现象。

②在使用时，要先加1/3的水，再倒药剂，再加水达到药液浓度要求，但注意药液的液面不能超过安全水位线。

③初次装药液时，由于喷杆内含有清水，在试喷雾2～3min后，正式开始使用。

④工作完毕，应及时倒出桶内残留的药液，后用清水清洗干净。

⑤若短期内不使用机动喷雾器，应将燃油及润滑油倒净，并及时清洗油路，同时将机具外部擦干装好，置于阴凉干燥处存放。若长期不用，应先润滑活动部件，防止生锈，并及时封存。

⑥目前常用的机动喷雾器均使用混合油，机油最好使用二冲程专用机油，混合此例为（15∶1）～（20∶1）。

⑦加油时必须停机，注意防火。

⑧启动后和停机前必须空载低速运转3～5min，严禁空载大油门高速运转和急剧停机。

⑨新机磨合要达24h以后方可负荷工作。

（2）常规故障及其维修（表5－5）。

表5－5 机动喷雾器常规故障及其维修

序号	故障现象	故障原因	对应的排除方法
1	不能启动或启动困难的原因及维修	①油箱内没有燃油；②油路不畅通；③燃油太脏，油中有水等；④气缸内进油过多；⑤火花塞不跳火，积炭过多或绝缘体被击穿；⑥火花塞、白金间隙调整不当；⑦电容器击穿，高压导线破损或脱解，高压线圈击穿等；⑧白金上有油污或烧坏；⑨火花塞未拧紧，曲轴箱体漏气，缸垫烧坏等；⑩曲轴箱两端自紧油封磨损严重；⑪主风阀未打开	①现象加注燃油即可；②现象清理油道；③现象需更换燃油；④现象拆下火花塞空转数圈并将火花塞擦干即可；⑤现象应清除积炭或更新绝缘体；⑥现象应重新调整；⑦现象须修复更新；⑧现象清除油污或打磨烧坏部位即可；⑨现象应紧固有关部件或更新缸垫；⑩现象应更换；⑪现象打开即可

（续表）

序号	故障现象	故障原因	对应的排除方法
2	运转中功率不足的	①加速即熄火或转速下降；②加不起油，排烟很淡，汽化器倒喷严重；③高压线脱落	①现象一般是由主量孔堵塞，供油不足造成的，疏通主量孔、清洗油路；②现象一般是由消音器积炭或混合汽过稀造成的，需清除消音器积炭或调整油针；③现象重新接好高压线，并固定
3	运转不平稳	①爆燃有敲击声；②发动机断火	①现象因发动机发热造成的，停机冷却发动机，避免长期高速运转；②现象浮子室有水和沉积机油造成的，清洗浮子室；燃油中混有水也可造成发动机断火，更换燃油
4	运转中突然熄火	①燃油用尽；②火花塞积炭短路不能跳火使发动机熄火	①现象加油后再起动使用；旋下火花塞清除积炭，重新启动；②现象旋下火花塞清除积炭，重新启动

3. 机动喷雾、喷粉机作业方法

（1）喷雾作业方法。首先组装有关部件、使整机处于喷雾作业状态。然后是在加药液前，用清水试喷一次，检查各处有无渗漏；加液不要过急过满，以免从过滤网出气口处溢进风机壳内；所加药液必须干净，以免喷嘴堵塞。加药液后药箱盖一定要盖紧，加药液可以不停车，但发动机要处于低速运转状态。当工人将机器背上后，调整手油门开关使发动机稳定在额定转速（有经验者可以听发动机工作声音，发出呜呜的声音时，一般此时转速就基本达到额定转速了）。然后开启手把药液开关，使转芯手把朝着喷头方向，以预定的速度和路线进行作业。喷药液时应注意几个问题。

①开关开启后，随即用手摆动喷管，严禁停留在一处喷洒，以防引起药害。

②喷洒过程中，左右摆动喷管，以增加喷幅，前进速度与摆动速度应适当配合，以防漏喷影响作业质量。

③控制单位面积喷量。除用行进速度调节外，移动药液开关转芯角度，改变通道截面积也可以调节喷量大小。

④喷洒灌水丛时（如茶树），可将弯管口朝下，以防药液向上飞扬。

⑤由于喷雾雾粒极细，不易观察喷洒情况，一般情况下，只要叶片被喷管风速吹动，证明雾点就达到了。

（2）喷粉作业方法。

①按照使用说明书的规定调整机具，使药箱装置处于喷粉状态。

②粉剂应干燥，不得有杂草、杂物和结块。不停车加药时，汽油机应处于低速运转，关闭挡风板及粉门操纵手把，加药粉后，旋紧药箱盖，并把风门打开。

③背机后将手油门调整到适宜位置，稳定运转片刻，然后调整粉门开关手柄进行喷施。

④在林区喷施注意利用地形和风向，晚间利用作物表面露水进行喷粉较好。

⑤使用长喷管进行喷粉时，先将薄膜从摇把组装上放出，再加油门，能将长薄膜塑料管吹起来即可，不要转速过高，然后调整粉门喷施，为防止喷管末端存粉，前进中应随时抖动喷管。

⑥停止运转时，先将药液或粉门开关闭合，再减小油门，使汽油机低速运转 3 ~5min 后关闭油门，汽油机即可停止运转，然后放下机器并关闭燃油阀。

（3）机动喷雾、喷粉机的保养。

一是日常保养，每天工作完毕后应按下述内容进行保养。

①药箱内不得残存剩余粉剂或药液。

②清理机器表面油污和灰尘。

③用清水洗刷药箱，尤其是橡胶件。汽油机切勿用水冲刷。

④检查各连接处是否有漏水、漏油现象，并及时排除。

⑤检查各部螺丝是否有松动、丢失，工具是否完整，如有松动、丢失，必须及时旋紧和补齐。

⑥喷施粉剂时，要每天清洗汽化器、空气滤清器。

⑦保养后的机器应放在干燥通风处，切勿靠近火，并避免日晒。

⑧长薄膜塑料管内不得存粉，拆卸之前空机运转 1 ~2min，借助喷管之风力将长管内残粉吹尽。

二是长期保养。机动喷雾器使用后应随时保养，农闲长期存放时，除做好一般保养工作外，要做好下列 6 点。

①药箱内残留的药液、药粉，会对药箱、进气塞和挡风板部件产生腐蚀，缩短其寿命，因此要认真清洗干净。

②汽化器沉淀杯中不能残留汽油，以免油针、卡簧等部件遭到腐蚀。

③务必放尽油箱内的汽油，以避免不慎起火，同时防止汽油挥发污染

空气。

④用木片刮火花塞、气缸盖、活塞等部件和积炭。刮除后用润滑剂涂抹，以免锈蚀，同时检查有关部位，应修理的一同修理。

⑤清除机体外部尘土及油污，脱漆部位要涂黄油防锈或重新油漆。

⑥存放地点要干燥通风，远离火源，以免橡胶件、塑料件过热变质。但温度也不得低于0℃，避免橡胶件和塑料因温度过低而变硬、加速老化。

（4）机动喷雾、喷粉机的注意事项。

①机油与汽油比例：新机或大修后前50h，比例为20：1；其他情况下，比例为25：1。

②机油应选用二冲程专用机油，也可以用一般汽车用机油代替，夏季采用12号机油，冬季采用6号机油，严禁使用拖拉机油底壳中的油。

③新机器在最初4h，不要加速运转，每分钟4 000～4 500r即可。

④夏季晴天中午前后，有较大的上升气流，不能进行喷药；下雨或作物上有露水时不能进行喷药，以免影响防治效果。

⑤剧毒农药不能用于喷雾，以防操作人员中毒，发现农药对作物有药害时，应立即停止喷药。

⑥作业中发现机器运转不正常或其他故障，应立即停机检查，待正常后继续工作。

⑦在喷药过程中，不准吸烟或吃东西。

⑧喷药结束后必须要用肥皂洗净手、脸，并及时更换衣服。

五、飞机喷雾、喷粉装置

1. 飞机喷雾机械分类及特点

在飞机上装备有专门的喷粉、喷雾或超低量喷雾装置，喷出的粉剂、微液剂或油剂雾滴，一部分在飞行下冲气流或者下压气流作用下直接沉降到植物枝叶丛中；一部分随自然风侧向飘移并沉降到植物枝叶上。

用于航空植保的飞机有定翼式飞机和直升机。一般定翼式飞机功率较大，载重量亦大，飞行速度快，作业效率高，适用于大面积种植单一作物、果园、草原以及林业病虫害防治。用于植保的直升机一般机型较小，装载量不大，适用于面积不大、地形复杂的农田及果园病虫害防治（表5－6）。

表5-6　油动植保无人机和电动植保无人机优缺点对比

	油动植保无人机	电动植保无人机
优点	1. 载荷大，15~120L都可以 2. 航时长，单架次作业范围大 3. 燃料易于获得，采用汽油混合物做燃料	1. 环保，无废气，不造成农田污染 2. 易于操作和维护，一般7d就可操作自如 3. 售价低，一般在10万~18万元，普及化程度高 4. 电机寿命可达上万小时
缺点	1. 由于燃料是采用汽油和机油混合，不完全燃烧的废油会喷洒到农作物上，造成农作物污染 2. 售价高，大功率植保无人机一般售价在30万~200万元 3. 整体维护较难，因采用汽油机做动力，其故障率高于电机 4. 发动机磨损大，寿命300~500h	1. 载荷小，载荷范围5~15L 2. 航时短、单架次作业时间一般4~10min，作业面积10~20亩/架次 3. 采用锂电作为动力电源，外场作业需要配置发电机，及时为电池充电

2. 植保无人机机体特点

（1）采用高效无刷电机作为动力，机身振动小，可以搭载精密仪器，喷洒农药等更加精准。

（2）地形要求低，作业不受海拔限制，在西藏、新疆等高海拔地域均可。

（3）起飞调校短、效率高、出勤率高。

（4）环保，无废气，符合国家节能环保和绿色有机农业发展要求。

（5）易保养，使用、维护成本低。

（6）整体尺寸小、重量轻、携带方便。

（7）提供农业无人机电源保障。

（8）具有图像实时传输、姿态实时监控功能。

（9）喷洒装置有自稳定功能，确保喷洒始终垂直地面。

（10）半自动起降，切换到姿态模式或GPS姿态模式下，只需简单的操纵油门杆量即可轻松操作直升机平稳起降。

（11）失控保护，直升机在失去遥控信号的时候能够在原地自动悬停，等待信号的恢复。

（12）机身姿态自动平衡，摇杆对应机身姿态，最大姿态倾斜45°角，适合于灵巧的大机动飞行动作。

（13）GPS姿态模式（标配版无此功能，可通过升级获得），精确定位和高度锁定，即使在大风天气，悬停的精度也不会受到影响。

（14）新型植保无人机的尾旋翼和主旋翼动力分置，使得主旋翼电机功率不受尾旋翼耗损，进一步提高载荷能力，同时加强了飞机的安全性和操控性。这也是无人直升机发展的一个方向。

（15）高速离心喷头设计，不仅可以控制药液喷洒速度，也可以控制药滴大小，控制范围在 10～150μm。

3. 主要植保飞机的结构及参数

（1）农 5B 型植保机（图 5－5）。

图 5－5　农 5B 型植保飞机

（引自 http://wiki. antpedia. com/woguozizhuyanzhixinyidainongyongfeijishoufeichenggong －10204 － news）

农 5B 型飞机是一款新型农林专用飞机，它不但操纵灵活、维护方便、使用经济、安全可靠而且针对用户的实际需求，在结构、药箱载量、舒适度和作业设备等方面有了重大改进。农 5B 型飞机采用单发、单驾驶、下单翼、后三点固定起落架布局，配装捷克 Walter Engines a. s 公司的 M601F 型涡轮螺旋桨发动机，起飞功率 777 马力，满载升限 6 000m，无论在平原、丘陵，还是在高原、次高原地区作业，性能卓越。该款农用植保飞机主要用于农田播种、施肥、除草、治虫、飞播造林、护林防火的等作业项目，经过改装，还可兼顾治安巡逻、救灾指挥、航测航摄、影视制作、宣传广告等。

（2）无人驾驶小型直升机。具有作业高度低，飘移少，可空中悬停，无需专用起降机场，旋翼产生的向下气流有助于增加雾流对作物的穿透性，防治效果高，远距离遥控操作，喷洒作业人员避免了暴露于农药的危险，提高了喷洒作业安全性等诸多优点。另外，电动无人直升机喷洒技术采用喷雾喷洒方式至少可以节约 50% 的农药使用量，节约 90% 的用水量，这将很大程度的降低资源成本。例如天途六旋翼 M6－PRO 无人植保机就是如此。电动无人机与油动的相比，整体尺寸小，重量轻，折旧率更低、单位作业人工成本不高、易保养（图5－6，表5－7）。

图5－6　六旋翼M6－PRO无人植保机
（引自http：//www.nongji360.com/company/shop9/product_381978_479527.shtml）

表5－7　六旋翼M6－PRO无人植保机技术参数

技术指标	参数
飞机轴距（mm）	1 580
喷滴直径（μm）	60～180
飞行速度（m/s）	0～15
喷幅（宽幅（m）	4.5～5.5，覆盖面积大，雾化均匀
喷洒速度（m/s）	0～15可调
机身	机身重量小，飞行时稳定、灵活
农药载重（kg）	15～20
飞行时间（min/架次）	15～20
防治效率（1 000m²/min）	1～2
飞行高度（m）	0～200
喷洒高度（m）	田间作业距离作物顶端1～3
电子遥控	无刷电机、无线遥控启动
喷泵	采用微型潜水泵，输出流量稳定，两喷头联合喷洒，流量0.2～0.4L/min可调
结构	M6旋翼8点定位，起飞稳定 整机可折叠，便于运输
适用施药环境	－15～40℃

PS－35型农药喷洒无人直升机的参数参见图5－7，表5－8。

图 5－7　PS－35 型农药喷洒无人直升机

（引自 http：//www. hljdwkj. com/pro/10. html）

表 5－8　PS－35 型农药喷洒无人直升机性能表

分类	内容	参数	说明
飞机平台 PS－10	喷洒能力（1 000m²/min）	1～2. 8	根据飞行速度和喷洒宽度决定
	额定载荷（L）	10	每次起飞
	飞行速度（m/s）	2～8	
	喷洒宽度（m）	2～4	可以根据客户需求自行设置
	飞行高度限度（m）	1～30	
	汽油发动机	80cc	双缸对置风冷
	燃料	93、97 号汽油	需加二冲程混合油（1∶50）
	燃油消耗量（L/h）	4	平均值（90% 负载），约 0. 4 元/亩
	启动方式	马达和电池	内置和外置两种启动器
	主旋翼直径（mm）	2 100	碳纤材料
	旋翼结构	无副翼	利用飞控的电子控制来代替机械平衡副翼结构
	飞机尺寸（mm）	2 630/550/710	长/宽/高
	起飞重量（kg）	35	
	工作温度	0～60℃	

（续表）

分类	内容	参数	说明
飞控系统 PSFC－2	操控模式	半自动模式（速度控制模式）	操作者仅控制飞机的速度，可自由飞行，姿态由飞控计算机控制。类似雅马哈 RMAX 操控模式。当遥控器操作杆前推时，飞机保持一定的姿态向前飞行，当遥控器操作杆后拉时，飞机减速，当遥控器操作杆回中时，飞机悬停
		全自动模式（姿态/速度控制模式）	根据经纬度坐标，喷杆宽幅等参数，自动规划喷洒路径，并实现自动喷洒。飞机的姿态，速度，位置，高度，喷洒量等参数都由飞控计算机控制
		增稳控制模式（姿态控制模式）	飞控提供姿态增稳，类似德国 Helicommand 的操控方法
		手动模式（航模控制模式）	与航模操纵完全相同
	安全保护	自动悬停	当接收不到遥控器信号，飞机自动悬停
		一键悬停	当遇到紧急情况下，可以拨动一个开关，让飞机悬停，等待处理
	抗风能力	小于 5 级	
喷洒系统 SM－2	喷洒能力（ml/min）	0～1 000	根据客户的情况，可以自行调节喷洒量。建议 250ml/min，500ml/亩
	单位面积喷洒量恒定（ml/min）	0～1 000	采用离心式喷头效果明显
	喷洒记录	飞行轨迹记录	喷洒的时间、地点、亩数、用药量、重喷漏喷、喷洒人员等信息进行记录，查询和实时监控

割草机

第一节　割草机的发展

一、割草机的技术要求

因牧草稠密多汁，割草机切割器的切割速度应高于谷物切割机。对往复式割草机，割刀平均速度应为 1.6 ~2.0m/s 或更高，最低切割速度应大于 2.15m/s。旋转式割草机的切割速度为 60 ~90m/s。

割草机割茬低于谷物收割机，一般天然草场割茬为 4 ~5cm，种植牧草为 5 ~6cm，晚秋收获牧草为 6 ~7cm。对于苜蓿，为提高产量，要求尽量低割，要求切割器贴近地面，且能很好地适应地形起伏。

应有灵活的起落机构，以便在遇到障碍物时，能在 1 ~2s 时间内切割器升起。

割下的牧草能均匀铺放在地上，尽量减少机器对苜蓿的拍打和翻动，且能避免轮子的滚压。传动部件由足够的离地间隙或防护措施，以防堵塞和缠绕。

二、割草机的发展历史

1805 年英国人普拉克内特发明了第一台收割谷物并可以切割杂草的机器，由人推动机器，通过齿轮传动带动旋刀割草，这就是割草机的雏形；1830 年，英国纺织工程师比尔 – 布丁取得了滚筒剪草机的专利，并获得了赞誉；1831 年，英国纺织大师卡比利亚取得了滚草机世界独家专利；1833

年，兰塞姆斯农机公司开始批量生产滚筒式的割草机；19 世纪 50 年代后期往复式割草机用于生产，初期用畜力牵引，由地轮驱动割刀；20 世纪初开始发展拖拉机牵引的割草机，20 年代以后改由动力输出轴驱动割刀，30 年代开始发展拖拉机悬挂往复式割草机，60 年代中期又发展了旋转式割草机。中国在 20 世纪 20 年代开始使用畜力往复式割草机，50 年代初期和后期先后开始生产畜力和拖拉机牵引往复式割草机。随着人工草场的发展，70 年代中期开始生产并使用旋转式割草机。

三、割草机的分类

按机动配置方式可分为牵引式、悬挂式、自走式。悬挂式又可分为前悬挂、后悬挂和侧悬挂。

按切割器类型不同可分为往复式和旋转式。往复式按挂接方式可分为牵引式、悬挂式和半悬挂式，按工作方式又可分为曲柄连杆结构和摆环结构；旋转式割草机按挂接方式可分牵引式和悬挂式，悬挂式又分为后悬挂式和前悬挂式。按照其动力从拖拉机动力输出轴传向切割器的方式，又可分为下传动式和上传动式。

按配套动力功率不同可分为小型、中型两种。其中，小型可分为背负式和侧挂式。

第二节　不同类型割草机的使用及维护

一、往复式割草机

1. 往复式割草机工作性能

往复式割草机依靠切割器上动刀和定刀的相对剪切运动切割牧草。其特点是割茬整齐，割茬低，牧草损失少，单位割副的金属用量和功率消耗低，因而成本较低，它的作业速度一般为 6 ~ 9km/h，提高割刀单位时间往复次数并解决割刀全平衡问题后，作业速度可提高到 10 ~ 12km/h。往复式割草机适用于切割直立而生长密度不过分高的牧草，在稠密的种植草场，特别是易缠连的豆科种植牧草，易在工作中造成堵塞，适用于平坦的天然草场和一般产量的人工草场。主要由切割器、割刀传动装置、切割器提升装置、安全

装置和挡草板等组成。有些往复式割草压扁机配有压扁辊，对茎秆进行挤裂、压劈（也有曲折作用），有利于内部水分的流失。

2. 往复式割草机技术参数

（1）BF210 往复式割草机（图 6－1，表 6－1）。

图 6－1　BF210 往复式割草机

（引自 http：//china. expoooo. com/pavilions/nongye/index. php? app = goods&id = 79）

表 6－1　BF210 往复式割草机技术参数

技术指标	参数
型号	BF210
配套动力（hp）	30 ~ 75
工作幅宽（m）	2. 10
整机重量（kg）	272
作业速度（kg/h）	10 ~ 15
坡度调节	－75° ~ 90°坡度
动力输出轴转速（r/min）	540
最大工作效率（hm^2/h）	2. 52

（2）New Holland 往复式割草压扁机（图6－2，表6－2）

图6－2　New Holland 往复式割草压扁机

（引自 http：//agriculture1. newholland. com/nar/en－us/equipment/products/haytools－and－spreaders/h7150－mower－conditioner）

表6－2　New Holland 往复式割草压扁机技术参数

技术指标	参数	
型号	488	1 475
牵引方式	侧牵引	中央牵引
割幅（m）	2. 82	5. 56
割茬高度（mm）	32～108	30～157
切割器形式	单动刀	双动刀
割刀驱动形式	摆环机构	开放式双摆环
割刀频率（r/min）	816	905
割刀行程（mm）	76	76
拨禾轮转速（r/min）	52～68	52～83
喂入绞龙转速（r/min）	无绞龙	287
压扁辊材料	橡胶	橡胶
压扁辊直径（mm）	264	264
压扁辊转速（r/min）	637	717
配套动力（kW）	26	54
草条宽度（mm）	965～2 438	965～2 438
整机重量（kg）	1253	3332

3. 往复式割草机维护和保养

（1）作业前的技术调整。

①割草前认真检查：割草作业前，应进行全面地检查和调整，确保连接部位牢固、运转部位灵活、润滑部位良好，使割草机达到说明书中的技术要求。

②切割器的调整：首先调整切割器外端前伸量。将辕杆抬至工作位置，将切割器放在地上，在地面上划出机轮轴延长线，分别量出切割器左、右端的护刃器尖端至该线的距离。两者之差为 37 ~ 74mm。或者旋转偏心套，消除铰接间隙或调节前拉杆的长度，使其达到要求。再调整刀片对中位置和刀片间隙。连杆处于两端位置时，动刀片和定刀片中心线应重台，偏差不得大于 3mm。否则需调节后拉杆上的内外锁紧螺母，改变挂刀架的位置来达到要求刀片间隙可通过在刀梁和护刃器，摩擦片之间加垫片或用手锤敲打护刃器来进行调整。割茬高度可通过调节内，外滑掌底部滑扳的高度来实现。

③起落机构和安全装置的调整：脚踏杆初始位置应根据操纵者腿的长短调节踏杆下面的顶丝。拉杆长度使升起后的切割器外端高、内端低，可根据地面状态来调节。安全装置的调整即调节两个拉勾弹簧的压紧程度，使割草机正常前进不脱勾，当遇到障碍时又能自动脱开。

（2）作业时的技术要点。

①当割草机即将进入草地 1m 左右时接合离台器，割刀达至正常运动速度时才能开始割草。当合上割刀离台器时，应用手将脚蹬向后搬，以备操纵者执行这一动作。当打开离合器使割刀停止运动时，将脚器向前踩，这样是为了在发现问题时能迅速停止割刀运动，确保安全。

②割草机向左转弯时，应当减低前进速度或提刀停割。而向右转弯时，应当加快前进速度提刀停割，以保证割刀运动不受转弯影响。长途运输时，应注意打开离合器，将切割器升到垂直位置，并转动方向盘，将机组排成一纵行向前行进。

③停机清除缠附在切割器上的牧草和泥污及竖起切割器到运输位置时，切勿用手触压或把手放在割刀和护刃器间，以免割刀移动伤人。在机器处于牵引状态时，任何调整、检查工作都应在机器后面进行，人站在切割器前面是不安全的。

④牧草稠密多汁需要低割，割茬一般控制在 4 ~ 7cm 范围内，切割速度应大于每秒 2. 15m，切割的平均速度为每秒 1. 6 ~ 2m。

(3) 作业时的技术保养。

①随时检查各部位的紧固、摩擦及断裂情况，特别是木连杆、偏心盘、刀头、刀片铆接处等。随时清除切割器、护刃器等部件中的障碍物及堵塞物，根据规定的要求，按时润滑各零件。

②动刀片刃口变钝或崩裂时，应及时磨锐或更换新刀片。动刀片磨锐时，刃口上下应均匀一致，两侧的刃口磨量要对称，磨后应保持原有的几何形状。

③工作季节过后，应仔细清洗机器，存放于干燥的库房中 将齿轮箱，运动割刀及各活动部位清洗、涂油。切割器梁及运动割刀用铁丝绑好、悬吊，以免日久翘曲。

4. 往复式割草机使用中常见故障及排除方法

参见表 6 – 3 所示。

表 6 – 3　往复式割草机使用中常见故障及排除方法

序号	故障现象	故障原因	对应故障排除方法
1	割草机切割器噪声大	①刀条或护刃器弯曲；②刀头球铰联接松动；③护刃器定刀片不在同一平面内，偏差太大；④动刀片不在同一平面内，偏差太大	①现象应立即调直刀条或重新护刃器；②现象应调整钳口弹性夹紧装置；③现象应调整护刃器，使定刀片位于同一平面内；④现象应调直刀杆
2	切割器堵塞	①护刃器弯曲或破裂；②动、定刀片间隙不符合要求；③刀片磨钝或损坏；④压刃器安装不当；⑤定刀片损坏或丢失；⑥护刃器可能松动；⑦护刃器上舌向下弯严重；⑧皮带打滑；⑨水分大，杂草堵塞	①现象应予调直或更换；②现象需要重新调整；③现象需要重新磨刃或更换刀片；④现象应重新调整压刃器；⑤现象应立即更换护刃器定刀片；⑥现象需要重新拧紧；⑦现象应当重新调整或更换护刃器；⑧现象需要重新调节皮带张紧度；⑨现象应待牧草湿度合适后再收割
3	内、外托板处堵塞	①割茬太低；②内托板处已割牧草堆集；③内托板处护刃器损坏；④牧草卷进了外托板；⑤内托定刀片损坏	①现象应调整内外滑掌高度；②现象需要调整内托板挡草杆；③现象，需要更换护刃器；④现象调整托板挡草杆及挡草板；⑤现象需更换新的
4	割茬高低不均匀	①地面仿行机构不灵活；②护刃器前倾角太小；③切割高度调整不当；④刀片磨钝或损坏	①现象下悬挂板转动不灵活，应及时清理下悬挂板铰链处的杂物；②现象应调整上拉杆，使护刃器前倾角合适；③现象应调整内外托滑掌；④现象应调整内外托滑掌

（续表）

序号	故障现象	故障原因	对应故障排除方法
5	出现漏割现象	①刀片破损；②护刃器断裂；③刀片过钝	①现象应重新更换；②现象应及时加以更换；③现象需要重磨或更换新刀片
6	刀片和护刃器磨损严重	①切割器位置太低；②压刃器调整不当	①现象需要适当调整内外滑掌高度；②现象需要正确调整

二、旋转式割草机

1. 旋转式割草机工作性能及结构

旋转式割草机适合于收获天然牧草和种植牧草，其特点主要是结构简单、操作可靠、调整方便、传动平稳、不需惯力平衡、不堵刀，而且作业速度高，维护保养少，对牧草的适应性强，适用于高产草场。缺点是重割区大，割茬不平，单位割幅所需的功率较大。工作时高速旋转刀盘上的刀片刃口根部的圆周速度高达 60 ~ 90m/s，作业前进速度可达 16km/h 以上。在转盘式割草机的刀梁上，一般并列装有 4 ~ 6 个刀盘，每个刀盘铰接 2 ~ 6 个刀片，也有刀盘铰接特殊尼龙绳靠离心力割草。相邻刀盘上刀片的配置相互交错，刀片的回转轨迹有一定重叠量，刀盘一般由齿轮传动，相邻刀盘的转向相反，结构紧凑，传动平稳、可靠，但刀盘因下方有传动装置而位置较高。为保证低割和减少重割，刀盘通常向前倾斜一定角度。旋转式割草机一般分为下传动式和上传动式两种。

下传动式割草机主要由三点悬挂架将机器悬挂在拖拉机悬挂装置上，主梁销挂接在机架上，而切割器梁又与主梁铰接，从而使切割器能和往复式切割器一样，能适应切割器处地面的高低和横向坡度。切割器梁本身是一个传动的外壳，拖拉机动力输出轴通过一对带轮、一对圆锥齿轮和一系列圆柱齿轮传动各刀盘。刀盘上装有一定数量的销链刀片，当刀盘旋转时、刀片在离心力的作用下呈径向位置，每一个对刀盘相对回转而进行割草，遇到硬物刀片能向后回转而不致损坏。一般切割器的上方和左右后面有护罩，以免割下的草飞散。平衡装置用来限制切割器上下的范围，并可调节滑脚的接地压力。安全拉杆和往复式割草机的类似，当切割器遇到障碍物时，安全拉杆脱开而使切割器梁后摆。但运输时，悬挂架由拖拉机液压结构提升，切割器由平衡位置处于运输位置。上传动割草机与下传动割草机的区别是传动箱在割草机的上部（图 6－3、图 6－4）。

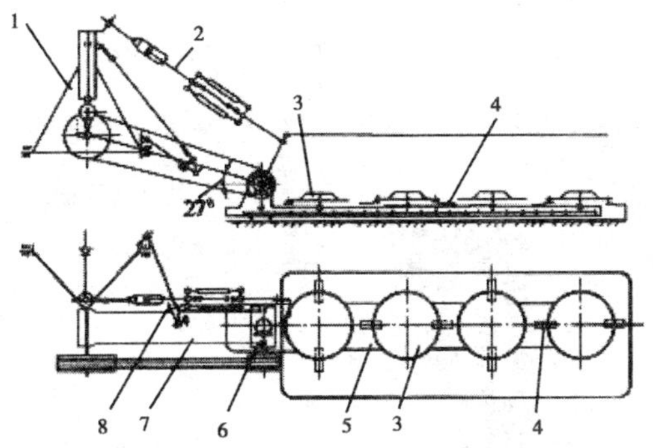

图 6－3　下传动旋转式割草机示意图

1. 三点悬挂机架；2. 平衡装置；3. 刀盘；4. 刀片；5. 切割器；6. 销轴；7. 主梁；8. 安全拉杆

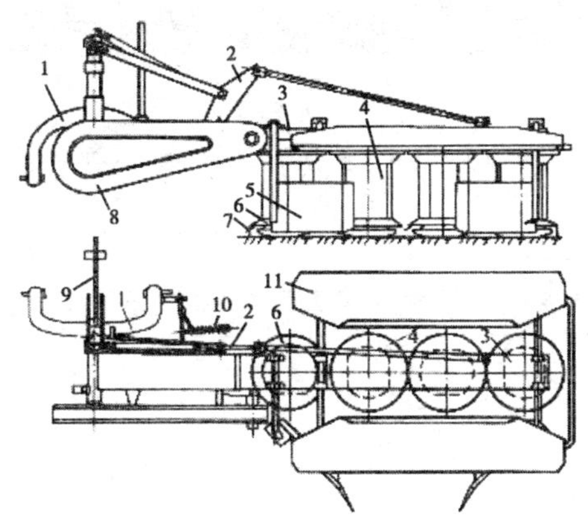

图 6－4　上传动旋转式割草机示意图

1. 三点悬挂机架；2. 起落机构；3. 切割器梁；4. 导草罩；5. 导草板；6. 刀盘；7. 刀片；8. 护罩；9. 切割器俯仰调节杆；10. 安全装置；11. 护板

2. 圆盘式割草机技术参数

（1）9GX 系列旋转式割草机（图 6－5，表 6－4）。

图 6－5　9GX 系列旋转式割草机

（引自 http：//www. hemu365. com/item－220. html）

表 6－4　沃得牌 9GX 系列旋转式割草机技术参数

技术指标	型号		
	9GX－1.7	9GX－2.1	9GX－2.4
外型尺寸 （长×宽×高）（mm）	作业时 3 660×1 400 ×800 运输时 2 240×1 400 ×1 680	作业时 4 100×1 400 ×800 运输时 2 680×1 400 ×1 680	作业时 4 420×1 400 ×800 运输时 3 000×1 400 ×1 680
整机质量（kg）	490	510	530
割幅（mm）	1 670	2 110	2 430
割茬高度（mm）	≤80	≤80	≤80
配套动力（kW）	25～45（35～60hp）	30～50（40～68hp）	35～65（48～88hp）
刀盘数（个）	4	5	6
每个刀盘刀片数（个）	2	2	2

（续表）

技术指标	型号		
	9GX－1.7	9GX－2.1	9GX－2.4
输入转速（r/min）	540	540	540
工作转速（r/min）	3 000	3 000	3 000
悬挂方式	后侧悬挂	后侧悬挂	后侧悬挂
机架翻转方式	液压式	液压式	液压式
纯工作小时生产率（hm^2/h）	0.67～1.67	0.8～2.0	1.0～2.5

（2）MF－DM1358 型圆盘式割草压扁机（图 6－6，表 6－5）。

图 6－6 MF－DM 型圆盘式割草压扁机

（引自 http：//www. nongjitong. com/product/agco_ mf_ dm1358_ mower_ crusher. html）

表 6－5 MF－DM 型圆盘式割草压扁机技术参数

技术指标	型号	
	MF－DM1358	MF－DM1358 带辊式压扁器
作业宽度（mm）	2 550	2 550
草铺宽度（mm）	1 800	1 050 至 1 400
运输高度（mm）	2 950	2 950
切割器类型	紧凑模块型锥齿轮	紧凑模块型锥齿轮
圆盘	5	5
每盘刀片数	2	2

（续表）

技术指标	型号	
	MF－DM1358	MF－DM1358 带辊式压扁器
圆盘转速（r/min）	3 000	3 000
刀尖线速度（km/h）	288	288
切割器保护	传动装置护罩和断裂接头	传动装置护罩和断裂接头
配套动力要求（最小 PTO 功率）	54 马力	75 马力
液压系统要求	1 个单作用阀	1 个单作用阀
动力输出轴转速（r/min）	540	540
单向离合器	标准	标准
重量（kg）	660	980
圈形齿式压扁器	可选	可选
辊式压扁器	可选	标准

（3）REESE 割草机（图 6－7，表 6－6）。

图 6－7　REESE 割草机

（引自 http：//www. reesegroup. co. nz/product/Reese/Drum%20Mowers/62. html）

表 6－6　REESE 割草机技术参数

技术指标（宽）	1 600	2 070	2 400
切割宽度（m）	1. 60	2. 07	2. 4
刀盘数（个）	2	2	2

（续表）

技术指标（宽）	1 600	2 070	2 400
刀片数量（个）	6	6	8
动力（540r/min）	大于22.5kW/30hp	大于34kW/30hp	大于50kW/65hp
圆盘转速（rpm）	2 000	1 600	1 200
拖拉机联动	Ⅰ或Ⅱ类	Ⅰ或Ⅱ类	Ⅰ或Ⅱ类
高度调整（mm）	25～100	25～100	25～100
重量（kg）	390	460	580

3. 旋转式割草机的正确使用及保养维护

（1）旋转式割草机调整。

①作业前应对机器进行检查调整，保证运转部件运转灵活，润滑部位加注润滑油，紧固件要牢固。

②拖拉机与割草机连接后，拖拉机右后轮与割台应保持5～7cm的重迭度，否则会减少割幅而影响生产率，过小会产生重割。如重送度不够，可通过调整下拉杆限位链达到要求。

③事先确定好行走路线和割草方法。

④工作前，将割台慢慢放到一定位置，拉紧链条，再转动涡杆手柄，使割台置于工作位置。

⑤割草前必须使刀盘转速达到额定值时再进行割草作业。

⑥根据牧草高度调节护板高度，使其达到草层厚度的一半。

⑦通过改变上拉杆长度或滑板高度来调节割茬高度。

⑧作业时，拖拉机液压操纵手柄应放在浮动位置，以利仿形。

⑨割草机应满幅工作，急转弯时应提升割台，停止运转切割器。当发生堵刀时也须提升割台，使机器后退，并旋转导草罩，即可排除。当遇到障碍物时，应立即提升割台，驶过后再落下。

⑩作业结束后，应将割草机清理干净，妥善保管。

（2）使用与调整。

①割茬高度调整：在工作中一般通过调整悬挂装置上的中央拉杆长短来调整割茬高度。当中央拉杆缩短，则割台向前倾斜，割茬高度降低。如中央拉杆伸长，则割台向上抬起，割茬高度提高。另外一种调整方法是依靠调整大、小滑掌固定孔的位置来完成。若将刀梁固定在大、小滑掌的上安装孔

时，则割茬低，固定在下安装孔时割茬则高。

②提升丝杆调整：插入插销，摇动丝杆装置手柄，使割台升起，将割台摇至于机架限位块顶紧为止，即为运输状态。拔出插销，然后摇动丝杆装置的手柄，将割台放至工作位置，此时丝杆要放到底，即为工作状态。

③护架高度调整：前护架既起防护作用又起推草作用。在工作中应根据牧草生长高度来调整，一般调整到稍高于草层高度的一半为宜，调整时可拔出前护架的固定插销，将护架移装到相应的孔内即可。

④三角传动皮带张紧度调整：三角传动皮带张紧度调整的正确与否，直接影响皮带使用寿命和机器正常工作。调整时可用手指用力压在皮带中部，使其下沉 15 ~20mm。如下沉过大可拧紧张紧的调整螺母。

⑤刀片更换：刀盘上刀片两边都有切刃，当工作一段时间后刀片一侧磨损，此时可将左右刀盘上的刀片换装，使用另一侧。若损坏严重可更换新的刀片，拆装方法：在刀梁的后方，用拆换刀片的起子卡在刀片夹持器与刀盘的中间，并用力向下压，使刀片离开刀片夹持器的滑块，取下刀片随即装上更换的刀片。

（3）使用注意事项。

①机器刀盘旋转时，机器周围严禁站人，否则有被旋转刀盘带起的物体伤身的可能。

②帆布护罩起防护作用，作业时必须安装。

③机器停止作业时，如在运输位置时，或清除堵塞时，或维护保养时，必须切断动力输出轴。

④运输时要保证撞板的固定插销牢靠地插入撞板孔中，以防运输中刀梁突然坠下伤人。

⑤每班工作前应检查割草机各紧固件有无松动，皮带张紧度是否适宜，并用手拔动力盘，检查有无碰击，如有则应加以排除，方可接合动力输出轴，小油门转动，如无碰击，才能正式作业。

⑥开始作业时，必须待刀盘转速升高后，拖拉机再起步，否则因刀盘转速过低，惯性力不够，而引起皮带打滑，妨碍正常工作。

⑦作业时，割草机不能提升过高，以免影响万向节传动轴使用寿命。割草机提升过高，万向节传动轴会碰拖拉机下拉杆限位链条，而引起机件的损坏。

⑧割草机作业时，拖拉机液压升降机构操纵手柄严禁放在强迫下降位置，应放在浮动位置，以利于仿形作业。

⑨每班工作前用细钢丝捅一下割台后面减压阀上的小孔，以免排气孔被堵塞。

（4）保养。

①每班向每个润滑点加注润滑油。

②每班要清除集草板、刀梁表面及刀盘表面脏物，特别是刀梁表面上的草浆泥，否则会增加机器的动力消耗。

③每班工作前严格检查各部分紧固件有无松动。特别是刀盘圆螺母，分草轮上、下紧固螺栓及大、小滑掌的紧固螺栓，变速箱与割台连接的紧固螺栓。

④每班检查刀片有无缺损。如有缺损及时更换与修复。

（5）存放。

①清除尘土脏物、擦洗干净。

②换去刀梁内机油，将割草机悬挂在拖拉机上，摇动丝杆手柄，使收割台升高至45°角。用内六角扳手拧下刀梁右边加油螺塞，然后拧下刀梁左边变速箱上的油堵螺丝，放出机油。用柴油清洗后，拧上油堵塞螺丝，再从加油螺孔注入新柴油8kg，旋紧螺塞，油加好后将割台放置于水平位置。然后旋开油面螺丝，将多余的油放掉，使油保持在油面螺丝位置线上，最后拧紧螺丝。

③拆下万向节传动轴，并涂油防锈；拆下三角皮带和防护布，室内存放。

④旋松安全离合器弹簧。

⑤主要零件表面涂上机油，防止锈蚀。

⑥在刀梁下面垫3块垫木，高度不低于15cm。

（6）旋转式割草机常见故障及排除方法（表6－7）。

表6－7　旋转式割草机常见故障及排除方法

序号	故障现象	故障原因	对应故障解决办法
1	割不下草	①刀盘堵塞导致三角皮带打滑；②三角皮带过松；③转速低；④刀片缺损或刃口太钝	①现象应排除堵塞；②现象应重新调整三角皮带的张紧度；③现象需待转速升高后再起步；④现象需补全或更换刀片
2	有漏割现象	①刀盘两刀片都折断；②刀盘上两刀片碰上硬物后虽然缩回但是没有甩出来；③割草机与拖拉机挂接不好	①现象需要更换新的；②现象需要拉出刀片；③现象需重新调整好挂接位置

（续表）

序号	故障现象	故障原因	对应故障解决办法
3	割下的草重割且不成条	左、右刀盘装反	将左、右刀盘对换安装
4	齿轮处有噪声	①齿轮严重磨损；②锥齿轮座损坏；③润滑油太少	①现象应更换新齿轮；②现象应更换新锥齿轮座；③现象应加足润滑油

三、自走式割草调制机

自走式割草调制机是将切割装置和动力部分集成在一起的专用牧草收获机械。自走式割草机本身备有动力、由驾驶员操纵自动行驶的农业机械。主要由动力装置、传动装置、行走及变速装置、操向装置、切割装置等组成，具有机动灵活、转弯半径小、生产效率高、操作方便、视野良好等优点，但结构复杂，动力部分的利用率较低。自走式割草压扁机也分为往复式和旋转式两种。

1. 自走式往复割草调制机

自走式往复割草机配套动力相对较小，作业速度较旋转式低，一般在8km/h左右。切割器可选配单动刀或双动刀，调制器可选配压辊式或指杆式。这类机组自动化程度高，一般采用静液压传动系统控制行走系统和割台运动，并可实现割台的浮动控制。自动化程度高的机型在驾驶室配备液压和电子系统，可完成机器主要功能的监控和调整，有些机型还配有自动故障诊断系统。通用自走式底盘发动机采用涡轮增压技术，动力强劲，行走系统配有大轮辐轮胎，对地面压力小，可在不同作业场地平稳运行，自走底盘轴距可调，以适应不同的作业要求。往复式割草调制机的一体化割台由拨禾轮、切割器、喂入绞龙、调制器、机架及液压浮动仿形系统等构成，拨禾轮一般由液压马达直接驱动，有的是由液压马达通过链轮或皮带轮驱动。往复式割刀驱动采用摆环或曲柄摆杆机构，由液压马达驱动，一般有速度传感器。

自走式往复割草调制机（图6－8，表6－8）。

图 6－8　自走式往复割草调制机

（引自 http：//www. newholland. co. nz/default. asp？ id＝708）

表 6－8　自走式往复割草调制机技术参数

技术指标	型号	
	John Deere4895	New Holland18HS
发动机功率（kW）	86	—
割幅（m）	5. 6	5. 8
割台升降调整范围（mm）	－76～660	—
割茬高度范围（mm）	—	30. 5～157
割台倾角调整范围（°）	2～8	6～12
割台驱动	液压	液压
割台仿形	电子液压系统	电子液压系统
切割器形式	双动刀	双动刀
割刀驱动	液压	双摆杆
割刀频率（次/min）	1 800	1 810
割刀行程（mm）	76	76
拨禾轮拨杆数（个）	5	5
拨禾轮传动型式	机械/液压	机械/液压
拨禾轮直径（mm）	1 067	1 067
机械拨禾轮转速（r/min）	69～74	52～83
液压拨禾轮转数（r/min）	27～75	0～76
输送绞龙形式	2	1
绞龙直径（mm）	上 229/下 279	508

2. 自走式旋转割草调制机（图6－9，表6－9）。

自走式旋转割草调制机适于收获稠密缠绕、倒伏严重的饲草。相对于自走式往复割草调制机，旋转式割草调制机作业速度更快，速度可达12km/h以上，生产率更高。而且自走式旋转割草调制机不需要拨禾装置，割台结构紧凑，但自走式旋转割草调制机动力消耗远高于往复式机器。

自走式旋转割草调制机割台由液压缸控制升降，可垂直、水平浮动，垂直浮动范围2°～10°角，机组行进时也可进行调整。当需要更换割台臂时通过提升臂提起割台，15min即可完成更换。自走式旋转割草调制机通常选配压辊式调制器，压辊间隙和压力可调，压辊压力由液压缸控制，当遇到异物或草料堵塞时，无需停机压辊即可迅速分离，排除异物后恢复工作。新型的二次调制系统采用2次调制工艺，第一对钢辊压扁器把切割后的饲草初步折弯压裂，第二对橡胶辊压扁器对饲草进行再调制，以挤出茎秆中的水分。两对调制辊间隙均可通过液压装置进行调整。

图6－9　自走式旋转割草调制机

（引自 http：//www. deere. com. cn/zh_ CN/products/equipment/hay_ and_ forage/400_ series_ windrower/400_ series_ windrower. page）

表6－9　自走式旋转割草调制机技术参数

技术指标	型号	
	John Deere 995	New Holland 2358
割幅（m）	4.9	4.7
割台升降调整范围（mm）		
割茬高度范围（mm）	17～178	22～66

（续表）

技术指标	型号	
	John Deere 995	New Holland 2358
割台倾角调整范围（°）	0～8	2～13
割台驱动	液压	液压
割台浮动	电子液压调整	电子液压调整
切割器圆盘数量	10	12
切割器圆盘直径（mm）	—	500
切割器驱动	液压马达	液压—齿轮
切割器转速（r/min）	2 100～3 100	1 600～3 000
压扁辊材料	双尿烷辊	双橡胶辊
压辊形状	人字齿纹	人字齿纹
压辊长度（mm）	2 692	2 591
压辊直径（上/下）	254	254
压辊转速（r/min）	865	923
草条宽度（mm）	914～2 195	914～2 438

四、背负式割草机

小型割草机主要应用在园林装饰修剪、草地绿化修剪、城市街道、绿化景点、田园修剪、田地除草，特别是公园内的草地和草原、足球场等其他用草场地、私人别墅花园以及农林畜牧场地植被等方面的修整，现今常用的割草机为汽油割草机。主要有背负式割草机和行走式割草机两种类型。

1. 背负式割草机结构

主要由发动机、背带、离合器箱、软轴、割草装置等组成。其动力主要为二冲程风冷汽油发动机，传动主要是软轴传动，软轴主要由传动软心、插销孔、传动软管等组成，作用是将动力传递给旋转刀片，采用软管传动便于操作者任意角度、高度操作。操作杆由操作杆接头、握把、发动机开关、安全护罩、刀片等组成，长度为 1 500mm，刀片的转速为 5 300r/min，根据果园杂草生长情况，可选用尼龙、2 齿、3 齿、4 齿、8 齿等刀片。

2. 背负式割草机参数

TWC320CG 背负式割草机见图 6－10 和表 6－10 参数。

图 6－10　TWC320CG 背负式割草机

（引自 http：//www. youboy. com/s82329563. html）

表 6－10　TWC320CG 背负式割草机技术参数

产品性能	参数
发动机类型	1E37F
排量（cc）	31. 2
额定输出功率/转速（kW，r/m）	0. 9，8 000
燃油混合比例	50：1（汽油 25：两冲程机油 1）
燃油容量（ml）	800
铝管直径（mm）	26
净重（kg）	7

3. 背负式割草机使用及保养常识

（1）一般安全措施。

①禁止在室内使用。

②保持与易燃物品的安全距离不得小于 1m。

③加油时，禁止吸烟、必须停止发动机运转、禁止汽油溢出。

④工作时要佩戴保护镜和防护设施，无保护罩请勿使用。

⑤转动和停止之前手脚远离机器。

（2）保养。

①使用后拆卸火花塞，清理积碳，测量（电极）间隙在0.6～0.7mm。

②检修燃油滤清器和清洗燃油箱将发动机燃油倒出，取出滤清器，并轻轻清洗，清除附在燃油箱中的水分和污物。

③散热片透过发动机罩检查散热片是否脏，如果脏要清理干净。

④检查燃油管，如果老化或漏油要及时更换。

⑤及时更换割草机刀片。

（3）保存。

把燃油箱燃油倒出，按注油泵数次，然后再将燃油箱的燃油倒空，把刀片盖安装到割草机刀片上，把割草机放到干净处，这样机子使用寿命能更长。

（4）产品特点。

①二齿：适用于切割较低软的杂草，切割直径大（菱形刀片在操作中比较安全）。

②三齿：适用于切割较高软的杂草，经济实惠。

③四齿：适用于切割较高软的杂草（平衡，震动小，切割效果比较平整）。

④八齿：适用于切割较低软的杂草（平衡，震动小，切割效果比较平整）。

⑤四十齿：适用于切割较硬的杂草和灌木，小麦、水稻（灌木直径1.5～2.0cm），四十齿的合金刀片适合于切割硬质的灌木。

⑥八十齿：适用于切割较硬的杂草和灌木（平衡，震动小，切割效果比较平）。

⑦尼龙打草头：适合草坪上打嫩草。

五、手推式割草机

1. 手推式割草机结构

手推式割草机的动力系统主要有以小型汽油机或柴油机为代表的常规内燃动力系统或新型的以蓄电池作为动力源的动力系统。行走系统是一对行走轮胎组成的，由变速箱输出的动力驱动轮胎行走；传动系统由变速箱和皮带系统组成，齿轮箱改变发动机转速和转动方向调整，动力输出轮上有两副动

力传输皮带，向前的一副皮带将动力传向切割系统，向后的一副皮带将动力传向行走系统；动力系统将动力传给割草系统，割草系统也有往复式和旋转式两种形式，实现割草。在操作系统的统一控制下完成割草作业，操作系统处于整机的后部，所有的操作都在变速器操作杆和操作手把上完成，操作手把不仅是操作员的扶手，上面还安装有各种操作手柄。操作手把的一边，安装有变速箱离合手柄，变速箱离合手柄可以控制动力向变速箱传递。在操作手把的另一边安装有切割系统的离合手柄，可以控制工作装置的运转和停止。油门控制手柄，可以控制油门的大小，来改变发送机输出的动力的强劲，在行走、收割时可以随时调整油门手柄位置，以获得需要的动力。变速箱操作杆与变速箱相连，由发动机传来的动力，必须经过变速箱进行动力变换，才能输出到行走轮。

2. 主要手推割草机的机构参数

（1）多功能手推汽油剪枝机割草机（图 6－11，表 6－11）。

图 6－11　多功能汽油剪枝机割草机

（引自 http：//m. 1688. com/offer/1256259206. html？spm = a26g8. 7662792. 1998744630. 10. 8q7lwj#wing1448333523319）

表 6－11　多功能手推汽油剪枝机割草机技术参数

技术指标	参数
型号	MF360
发动机型号	6. 5 HP 3600RPM
轮胎尺寸（mm）	420

（续表）

技术指标	参数
型号	MF360
齿轮箱材料	铝合金
传动装置	齿轮箱
档位	2F + 2R
前进速度（km/h）	2.5/3.7
后退速度（km/h）	1.4/2.7
动力输出	有独立的两个方向
动力输出转速（r/min）	920
轮距（mm）	400（外边缘尺寸）
轮轴直径（cm）	25
扶手	一体式，左右360度、上下可调
设备尺寸（cm）	153×140×60.4
包装尺寸（cm）	87×46×86.5
切割宽度（mm）	970
切割高度（mm）	20～60
附件尺寸（cm）	97×52×58
刀（cm）	100×21.5×9

（2）手推式剪草机（图6－12，表6－12）。

图6－12　手推式剪草机

（引自 http：//www.linqingyuanlin.cn/products.php？pid＝9&；cid＝3）

表 6－12　手推式剪草机技术参数

技术指标	参数
汽油机形式	单缸、四冲程、强制空气冷却、喷形燃烧室
排气量（ml）	173
马力（hp）	6. 5
缸径 × 行程（mm）	68 × 45
最大功率及相应转速（r/min）	2. 0kW/3 000
最大扭矩及相应转速（r/min）	7. 5N · m /2 500
燃油消耗率（g/（kW · h））	≤395
润滑油消耗率（g（kW · h））	6. 8
点火方式	晶体管磁体点火
旋转方向	逆时针
最低空载转速（r/min）	≤1 700
燃油型号	90 号以上
启动性能（s）	≤30
启动方式	手拉反冲启动
行走方式	自走后轮驱动，前轮 8 英寸，后轮 10 英寸
火花塞间隙（mm）	0. 70 ~ 0. 80
排草方式	后排，碎草
集草袋容积（L）	65
剪草宽度（mm）	500
剪草高度（mm）	30 ~ 90（8 档可调）
底盘尺寸及材质	20 寸钢底盘

3. 手推式割草机结构正确使用及维修维护

（1）操作前注意事项。

①穿着长袖上衣及长裤，禁止穿着宽松衣物，戴安全帽、护目镜、最好戴上耳罩避免噪音，穿质地不易滑的鞋，禁止穿拖鞋或光脚使用机子。

②不要在酷热或严寒的气候下长时间操作，要有适当的休息时间。

③不允许醉酒、感冒、生病的人、小孩和不熟悉割草机正确操作方法的人操作割草机。

④在引擎停止运转并冷却后再加油。

⑤加油时避免油过满溢出，若溢出需擦拭干净。

⑥机器最少远离物体 1m 才可以启动。

⑦必须在通风良好的户外使用该机器。

⑧每次使用前必须检查刀片是否锋利或磨损，离合器螺丝是否锁紧。

⑨由于有的机器马达声音较大，应避免在休息时间使用影响附近人员休息。

（2）启动前必须检查。

①将机器停止在水平位置上，首先检查燃油箱有否破洞漏油和冷却水箱，打开水箱盖，按手册要求加入适量的冷却水，盖上水箱盖，打开油箱盖，加入符合要求的燃油，燃油不要加得太满，盖上并拧紧油箱盖。

②检查轮胎胎压是否正常，不足时要及时充气。

③检查割盘是否运转正常，割刀是否完好，各传动皮带应该没有裂纹，发动前需确认刀片远离地面，没有与其他物品接触。

④将变速箱离合手柄、切割器离合手柄都放到分开位置，挡位手柄放在空挡位置，切割器压带轮松开，放到行走位置，将油门手柄放到中间位置，用摇柄启动发动机，启动后，缓缓加大油门，将变速箱离合手柄推到结合位置。

⑤根据割茬高度要求，调整切割器，拧紧刀盘上刀片的连接螺丝，拧紧防护罩上的连接螺丝。

⑥将离合器都放到分开位置，挂空挡位置，启动发动机，缓缓加大油门，慢慢连接切割器离合手柄，割盘开始运转起来，结合变速箱离合器，接着挂接低速前进档，割草机就开始进地工作了。

（3）操作后需注意事项。

①使用后将刀片包好，以免不小心伤到别人或自己。

②如几天不用，需要将油箱净空以免因漏油而起火。

③确定刀片完全停止再进行清洁维修检查工作。

④拆除火花塞电线，以免意外走火。

⑤待引擎完全冷却后再储存。

⑥将机子存放在凉爽干燥之处并禁止儿童接触。

⑦长时间不用时要在刀片上涂抹黄油，以免刀片生锈。

⑧使用后应将刀片放置于儿童伸手够不着的地方。

（4）作业过程须注意事项。

①作业中，应随时认真观察作业前方的地势情况，若遇大坑、高丘，应减速、绕行，否则高速运转的切割刀会打起大量的尘土，对操作者和机器

不利。

②坡度太大时，润滑油不能润滑到所有运动部件，长时间作业会损坏发动机。机器在作业时，应让无关人员远离割草机，避免切割器卷起的小石头伤害他人。

③作业完成后，断开两个离合手柄，然后减小油门，挂空挡，停止行走，关死油门，熄灭发动机，将切割器压带轮搬到行走位置，再次启动发动机，在驾驶员的操作下，割草机就可以行走回家了。

(5) 各部位保养。

一是发动机保养。

①发动机为二冲程发动机，使用燃油为汽油与机油混合油，二冲程专用混合油配比为机油：汽油 =1：50。汽油采用 90 号以上，机油使用二冲程机油，符号为 2T，一定要使用名牌机油，最好使用专用机油，严禁使用四冲程机油。建议新机在前 30h 配 1：40，30h 后按正常比例 1：50 配油，坚决不允许超过 1：50，否则浓度太稀会造成机器拉缸。请严格按机器附带的配油壶配油，不能按估计随意配油。混合油最好现配现用，严禁使用配好久置的混合油。

②机器工作前，先低速运行几分钟再工作。机器工作时，油门正常用高速就可以了。每工作一箱油后，应休息 10min，每次工作后清理机器的散热片，保证散热。

③火花塞每使用 25h 要取下来，用钢丝刷去电极上的尘污，调整电极间隙以 0.6 ~0.7mm 为好。

④空气滤清器每使用 25h 去除灰尘，灰尘大时应更频繁除尘。泡沫滤芯的清洁采用汽油或洗涤液和清水清洗，挤压晾干，然后浸透机油，挤去多余的机油即可安装。如印有“DON NOT OIL”就不用加机油。

⑤消声器每使用 50h，卸下消声器，清理排气口和消声器出口上的积炭。

⑥燃料滤清器（吸油头）每 25h 去掉杂质。

二是传动部分保养。每隔 25h 给减速箱（工作头）补充润滑脂，同时给传动轴上部与离合碟的结合处加注润滑脂。

三是刀具部分要求。尼龙索头应控制其长，不要多于 15cm。刀片一定要装正，并注意平衡。

四是使用安全规定。作业前检查割草机各部件是否安装牢固，周围 20m 以内，不允许有人或动物走动。一定要检查草地上有没有角铁，石头等杂物，清除草地上的杂物。

五是贮存方法。贮存时，必须清理机体，放掉混合燃料，把汽化器内的燃料烧净；拆下火花塞，向气缸内加入1～2ml二冲程机油，拉动启动器2～3次，装上火花塞。

（6）加注机油注意事项。机油在缸体里对机械的各部分进行润滑，是通过机油飞溅轮的作用，不断地把机油溅起，对机械的各部分进行清洁、润滑、降温，如果过多的加注机油反而会造成大量的乳化和气泡，同时也不能把机油溅起，从而不能起到润滑的作用，使缸体的温度升高。所以割草机在使用过程中不能过多地加注机油。

日常保养是指每天作业完毕，都应该对机器进行日常保养，也就是班次技术保养。

①清除尘土、杂草、油污等脏物，对机器进行一次全面清洁。

②检查发动机的机油油位，检查步骤为：首先卸下润滑油加入口盖，擦干油标尺；再次将油标尺插入加油口，然后拔出，观察机油油位。根据操作手册，必要时补充符合要求的润滑油，严格按照说明更换机油，常检查火花塞的状况，长期不用时应清理干净表面污渍再存放。牧草收割作业环境较差，应根据作业地块情况，每天清洗空气滤清器1～2次，保持滤清器清洁。操作方法是：先将空滤外观擦干净，拧下进气口螺丝，擦干净进气口里的杂物灰尘，空气滤清器的滤芯安装在滤清器的下部，外面是滤芯盒，拧开紧固件，取出滤芯，擦净外部脏物，然后取少量干净柴油，用刷子蘸柴油清洗滤芯，将滤芯盒也擦拭干净，向滤芯盒里加入适量的机油，然后按顺序装上滤芯，装上紧固件，拧紧上面的螺丝就可以了。

③检查并保养割刀，割刀也是易损件，每天作业完都要检查割刀状况，将割刀拧下，看看是否有损坏，当刀口有缺损时，可以用普通的磨刀石进行打磨，刀口损坏严重时，应该更换刀片。然后将刀片重新安装到割盘上，拧紧螺丝。

④150h定期保养：割草机除了日常保养外，还有定期保养，就是割草机每工作150h，就要进行一次定期保养，定期保养主要是更换发动机润滑油和各齿轮箱齿轮油。

⑤更换发动机机油：在发动机的前下方，有一个机油放油口，将放油口拧开，放掉旧机油，拧紧放油口，再打开机油加油口，加注合适的机油，夏季用40～50#机油，冬季用5～30#机油更换。

⑥更换齿轮油：切割器里面是一组传动齿轮，必须定期更换齿轮油，在

切割器的前下方是一个放油口，打开放油口，就可以将齿轮油放出，完全放出后，将放油口拧紧，倒入一定量的干净煤油，然后轻轻振荡一下机身(目的是清洗齿轮)，再将汽油放掉，拧紧放油口，就可以重新加入干净的齿轮油，在切割器的上方有齿轮油的加油口，打开加油口，加入齿轮油，这款机器使用的是 HL－20 齿轮油（表 6－13）。

表 6－13　手推式割草机故障与处理

序号	故障现象	故障原因	解决方案
1	剧烈震动	①刀片发生弯曲或磨损失去动平衡；②曲轴由于撞击而发生弯曲；③联刀器损坏，导致刀片与曲轴相对转动，引起不平衡；④发动机固定螺钉等松动；⑤发动机底座损坏；⑥刀片撞击较硬物体	对破损的零件进行替换，对较松的零件要拧紧加固
2	集草效果不佳	①集草袋长期使用没有清理，造成不清洁、不透气导致集草不畅；②排草口长期不清理，积草堵塞排草口，造成排草不畅；③刀片磨损过度，刀翼起不到集草效果；④发动机磨损，功率损耗过大，刀片旋转速度低导致集草效果不佳；⑤集草地势不平坦，造成排草不畅	对集草袋进行清理或者对切割刀具进行更换
3	发动机不平稳	①油门处于最大位置，风门处在打开状态；②火花塞线松动；③水和脏物进入燃油系统；④空气滤清器太脏；⑤化油器调整不当；⑥发动机固定螺钉松动；⑦发动机曲轴弯曲	①现象下调油门开关；②现象按牢火花塞外线；③现象清洗油箱，重新加入燃油；④现象清洗空气滤清器或更换滤芯；⑤现象重调化油器；⑥现象熄火之后检查发动机固定螺钉；⑦现象校正曲轴或更换新轴
4	发动机不能熄火	①油门线在发动机上的安装位置适当；②油门线断裂；③油门活动不灵敏；④熄火线不能接触	①现象重新安装油门线；②现象更换新的油门线；③现象向油门活动位置滴注少量机油；④现象检查或更换熄火线
5	春季无法起动	①可能是油箱内有头一年的油未放尽；②火花塞损坏；③气化器在上年停用前燃油未燃尽	①现象检查燃油是否是合格的新鲜油；②现象如火花塞脏污，可清洁，严重损坏，需更换同型号配件。如不能点火，可调节火花塞电极间隙，冬季为 0.6～0.9mm，其他季节为 0.9～1.0mm；③现象应清洗气化器

（续表）

序号	故障现象	故障原因	解决方案
6	消声器冒蓝烟	有机油参加燃烧	先检查机油尺，看机油是否过量。如过量，放掉多余机油后再运转10分钟。如故障仍未排除，则需要对发动机进行检修
7	割草无力	①空滤器有问题；②刀片发钝；③草生长浓密	①现象将空滤器取下清理，如无法清理则更换；②现象需要进行打磨；③现象将剪草尺寸提高，减轻发动机的负载
7	起动时拉绳有反弹	点火时间提前是造成该故障，通常是因为剪草时刀片打过硬物，导致飞轮键被剪切	此时应对故障机器进行检修
8	自走离合片易磨损	滚刀割草机在使用过程中，由于操作者不按操作规定作业，常常以点击的方法来控制自走，从而加大了离合片的磨损，最终使自走离合失效	滚刀割草机在使用过程中，一定要一次性的把自走手柄调到位
9	草坪割草机排草不畅	发动机转速过低、积草堵住出草口、草地湿度过大、草太长、太密、刀片不锋利	清除割草机内积草、草坪有水待干后再割、分二次或三次割、每次只割除草长的1/3、将刀片打磨锋利
10	过热损坏	裙部干燥呈白色或浅灰色，严重时瓷管表面有局部疏松隆起，电极明显烧蚀，中心电极近端有一圈烧蚀，并有瘤状微粒粘着	可燃气过稀、火花塞热值偏低或漏气、点火过早或汽油机过热，都会引起过热烧损
11	积炭污损	每年在第一次开始打草之前，聘请专业维修人员对每台割草机进行检修	清洗化油器、清理燃烧室的积炭，检查高压线路是否畅通，齿轮箱是否正常工作等

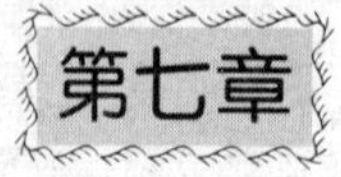

搂草机

第一节　搂草机概述

一、搂草机定义

搂草机是将散铺于地面上的牧草搂集成草条、充分进行晾晒、方便后续作业环节的进行的牧草收获机械。搂草的目的是使牧草充分干燥，并便于干草的收集。有的搂草机还兼有移动草条、合并草条、摊翻草条等其他作业功能。

二、搂草机的农业技术要求

要求搂草作业损失率应小于 3%，搂草和翻草的总损失率小于 5% ~ 8%；形成的草条应连续、均匀、松散、外形整齐，每米草条重量应满足后续作业的要求；形成草条后饲草应清洁，尽量减少陈草、泥土等混杂物，草条内污秽杂物不超过 3%；作业过程中饲草的移动距离要小，对草的作用柔和。

三、搂草机分类

搂草机按草条形成方向不同分为横向搂草机和侧向搂草机。横向搂草机搂集草条形成方向与机组前进方向垂直，侧向搂草机形成草条方形与机组前进方向平行。侧向搂草机按机构分为滚筒式、指轮式、水平旋转式和传送带式。摊晒机的形式和侧向搂草机基本相同。目前市场上几乎没有单一功能的侧向搂草机或摊晒机，往往具有多种功能，既可以进行搂草作业，也可以用于摊草、翻草和翻条作业。

第二节　搂草机的类型及结构参数

一、横向搂草机

1. 横向搂草机结构

横向搂草机搂集的草条与机器前进的方向垂直，形成的草条不够整齐和均匀，牧草的异同距离大，易混入陈草和泥土，每次所搂草条的衔接性差，不利于捡拾作业，但它结构简单，工作幅较宽，搂的草条大小不受牧草产量的限制，每米草条重量可在 1 ~4kg 之间任意选择。适合低产天然草原。横向搂草有畜力牵引、机引和悬挂三种形式（图 7 –1，图 7 –2，表 7 –1）。

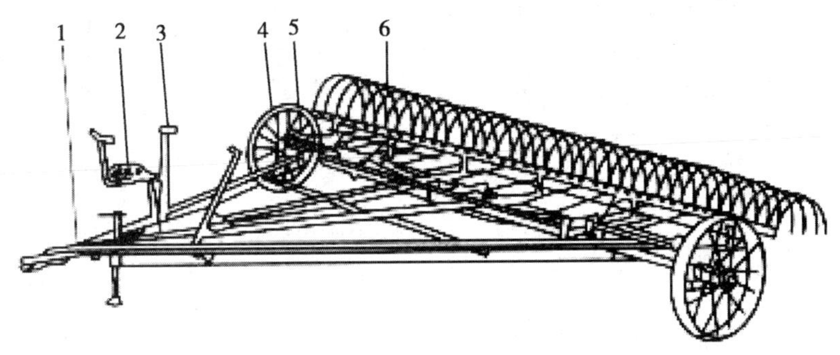

图 7 –1　9L –6A 型横向搂草机结构示意图

1. 机架；2. 座位；3. 操纵手柄；4. 行走轮；5. 升降机构；6. 搂草器

机引横向搂草机主要由搂草器、升降机构、传动系统、地轮和机架等部分组成。作业时，搂草机由拖拉机牵引前进，搂草器的弹齿搂集草铺，当搂草器能形成足够大草条时，工人用手杆结合升降机构，由行走轮带动曲柄转动一周，使搂草器完成一升降过程，并由除草杆将草条卸在地上。搂草器分成左右两段，分别由左右两行走轮和升降机构控制升降。

图 7－2 横向搂草机

（引自 http：//china. herostart. com/sell/1456519. html）

2. 横向搂草机参数

表 7－1 搂草机技术参数

技术指标	参数		
型号	9LC－2. 1	9LC－6	9LC－9
搂草器组数	1	2	3
工作幅宽（m）	2. 1	6. 0	9. 0
弹齿间距（mm）	60	71	70
弹齿数	36	84	128
弹齿型式	标准	标准	螺线
工作阻力（N）	500 以下	1 500～1 900	—
工作速度（km/h）	3. 6	5～6	8～9
生产率（亩/h）	13. 5～15	45～54	108～122
配套动力（kW）	单马	15	15
整机质量	198	610	760

二、滚筒式搂草机

1. 滚筒式搂草机结构

滚筒式搂草机本身就是一个旋转的滚筒，其结构原理基本同偏心拨禾轮，滚筒的齿杆绕固定轴回转，机器的运动方向又与回转平面偏一个角度。滚筒式搂草机分直角滚筒式和斜角滚筒式 2 种，斜角滚筒式也称平行齿杆式，实际应用较多。滚筒式搂草机大多采用牵引方式与拖拉机挂接，滚筒搂草机可单机作业或多台并机作业，具有搂草、摊草、翻晒作业功能。它与横向搂草机相比，搂集的草条蓬松，通风好，干燥均匀，生产效率高，但它结构比较复杂，机器单位幅宽重量大（图7－3）。

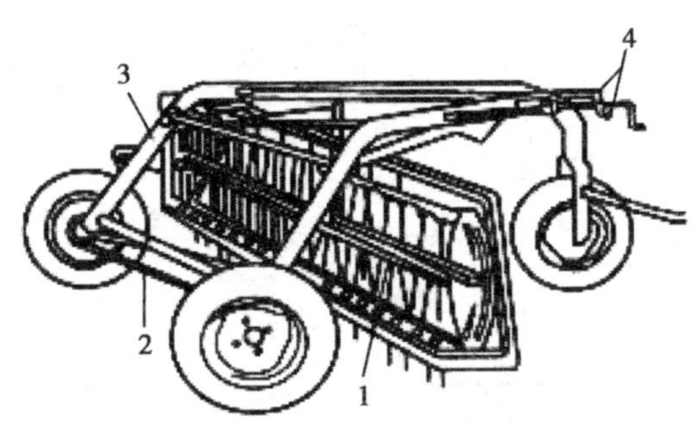

图7－3　斜角滚筒式搂草机

1. 搂草滚筒；2. 传动机构；3. 机架；4. 升降机构

斜角滚筒式搂草机由机架、搂草滚筒、传动机构、起落机构、弹齿倾斜调整机构等组成。搂草滚筒一般装有4～6根弹齿的齿杆，并由行走轮或拖拉机动力输出轴驱动回转，工作时搂草滚筒一边回转，一边前进，牧草被弹齿连续向前侧方向拨动，最后在侧面形成一草条。当滚筒高速反向回转时，则可进行翻草作业。

2. ROLABAR 系列滚筒式搂草机技术参数

参见图7－4，表7－2所示。

图7－4　ROLABAR 滚筒式搂草机

（引自 http：//www. nongji360. com/company/shop7/product_ 2084_ 154193. shtml）

表 7－2　ROLABAR 滚筒式搂草机技术参数

技术指标	参数	
型号	ROLABAR256	ROLABAR258
型式	牵引式斜角	牵引式斜角
工作幅宽（m）	2.60	2.90
齿杆数（个）	5	5
弹齿数（个）	90	100
工作速度（km/h）	3.2～11.2	3.2～11.2
驱动方式	地轮	地轮式液压
整机重量（kg）	359	386

三、指轮式搂草机

1. 指轮式搂草机结构

指轮式搂草机用于将割后牧草搂成草条、翻转草铺和草条。它分为牵引式和悬挂式两种，悬挂式又分前置式和后置式，指轮又有随动指轮和驱动指轮两种。随动式指轮搂草机不需要动力系统，结构简单、造价低、维护保养方便，推广使用较多。国际市场上指轮搂草机正在向大型化（16 轮）、液压电子控制方向发展（图 7－5，图 7－6）。

指轮式搂草机主要由机架、指轮、地轮和升降调节机构等部分构成。搂草时指轮与前进方向呈一角度，当机器前进时，地面对指轮弹齿的阻力使指轮旋转，从而拨动牧草，搂成草条，弯轴上有弹簧，以减少移动阻力和减轻弹齿磨损，中央两指轮用来翻转位于中部的牧草。搂草的作业速度一般为8～14m/h. 翻草作业速度可稍高于搂草作业。搂草时，草的移动距离短，花叶破碎损失小，适用于高产草地作业，但指轮式搂草机对摊晒高密度大草条适应性差，由于弹齿触底工作，在轻型土壤地面作业易于污染牧草。

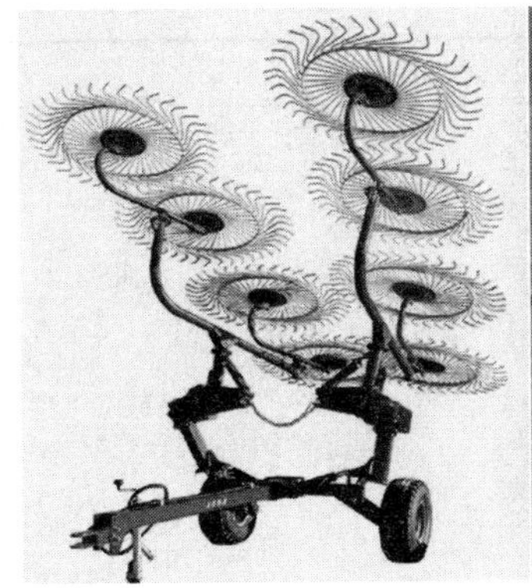

图 7－5　指轮式搂草机

（引自 http：//www. nongji360. com）

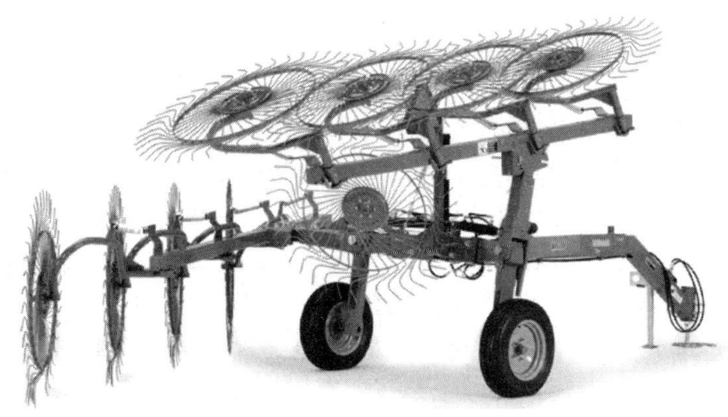

图 7－6　指轮式搂草摊晒机

（引自 http：//www. nongji360. com）

2. 指轮式搂草摊晒机技术参数（表 7－3）

表 7－3　指轮式搂草摊晒机技术参数

技术指标	参数				
型号	WR1008	WR2010E	WR1112	WR2014E	WR1116
指轮数（个）	8	10	12	14	16
单轮弹齿数（个）	40	40	40	40	40

（续表）

技术指标	参数				
型号	WR1008	WR2010E	WR1112	WR2014E	WR1116
弹齿直径（mm）	7	7	7	7	7
指轮直径（mm）	1 400	1 400	1 400	1 400	1 400
搂草幅宽（m）	4～5.2	6	5.5～7.3	<7.3	6.5～9.6
草条宽度（mm）	0.84～1.52	1.22～1.83	0.84～1.52	1.2～1.83	0.84～1.52
运输宽度（m）	2.95	2.74	2.95	2.74	3
地轮数（个）	4	4	4	4	
整机重量（kg）	758	930	953	1 141	1 390

四、水平旋转式搂草机

1. 水平旋转搂草机结构

水平旋转搂草机有单转子、双转子和多转子几种配置。与拖拉机挂接有悬挂、半悬挂和牵引等形式。国际市场上的新机型多配有液压升降和电子控制系统。单转子水平旋转搂草机功能比较单一，虽然去掉挡草耙后可进行摊晒作业，但作业效果不如多转子水平旋转摊晒机。单转子水平旋转搂草机工作幅宽一般为3～5m，多转子水平旋转搂草机工作幅宽可达12m。搂草作业速度为12km/h左右。这种搂草机作业时，草的移动距离较短，草条形状规整而蓬松，泥土污染轻。

单转子水平旋转搂草机既适用于人工种植草地，也适用于高产的天然草地。水平旋转搂草机由机架、传动机构、控制机构、搂草转子等组成。水平旋转搂草机一般由拖拉机动力输出轴通过一对锥齿轮驱动转子旋转。水平旋转搂草机工作时，转子旋转，借助凸轮机构控制搂耙的抬起和下落，机组前进时，搂耙将前方的草搂向机器一侧。当靠近一侧边缘时，搂耙抬起、释放饲草，在挡草帘的作用下，形成草条，越过草条后，搂耙下落恢复搂草状态，一般水平旋转搂草机由8～15个搂耙，连续搂草形成蓬松的草条。搂齿端部与地面保持一定距离，避免将地面杂物搂进草条（图7－7，图7－8）。

多转子水平旋转搂草机一般由2～4个单转子组成，采用双联和四联配置，主要由传动箱、转子、弹齿、横轴箱体、自位轮等组成。它由拖拉机动

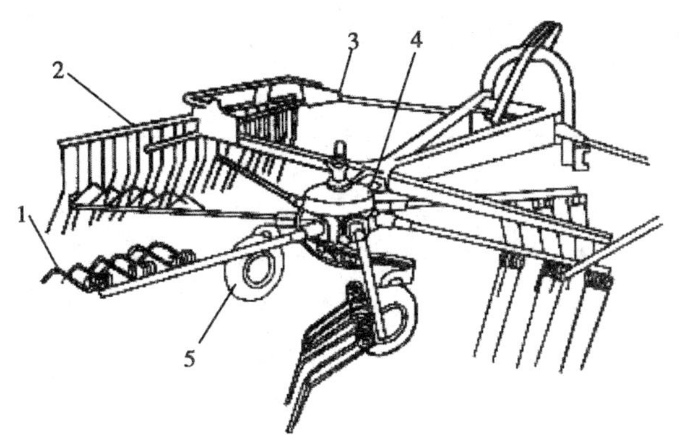

图 7-7 单转子水平旋转搂草机

1. 搂耙弹齿；2. 挡草帘；3. 机架；4. 传动机构；5. 支撑轮

力输出轴驱动。摊晒时，直接传动大齿轮，并通过各对圆锥齿轮传动各转子进行摊草，此时转子的转速较高。搂草时由内啮合的小齿轮传动大齿轮，转子转速较低。每一转子装有一自位轮，以适应地形。转子安有 4 ~6 个悬臂，悬臂末端固定弹齿，进行搂草或摊草。运输时，左右两侧转子可翻转至上部，便于运输。多转子摊晒机通常幅宽在 6m 以上，作业速度一般为 12km/h，最高可达 20km/h，是一种适合于高产草地的饲草收获机械。多转子水平旋转摊晒机用于搂草作业时，饲草从两侧向中央集中，草移动距离短，破碎损失小，污染轻，但形成的草条较小，每个转子的工作幅由一定重叠，弹齿臂交错，饲草受一定程度的折弯，有利于加速干燥。

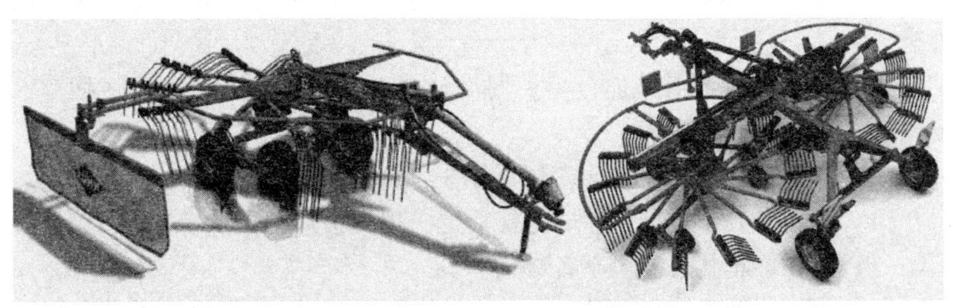

图 7-8 水平旋转搂草机

（引自 http：//www. nongjitong. com/product/mucao_ ga8030_ hay_ rake. html）

2. 水平旋转搂草机技术参数（表7－4）

表7－4　水平旋转搂草机参数

技术指标	参数				
型号	GA300GM	GA6501	GA8521	GA4121	GA6002
工作幅宽（m）	3.2	5.4～6.0	7.5～8.5	4.10	5.4～5.8
挂接方式	三点悬挂	半悬挂	半悬挂	牵引式	牵引式
转子数	1	2	2	1	2
转子直径（m）	—	2.65	3.65	3.2	—
弹齿臂数（个）	9	10	13	10	10
机重（kg）	286	1 260	2 950	585	1 260
配套动力（kW）	15	30	51	22	30
配套液压	—	1双接口	2双接口	—	单向＋双组
转子驱动	—	机械	液压	液压	—
高度调整	地轮、螺杆	手动	液压	液压	—

五、搂草机的维护及故障分析

1. 操作和维护

（1）检查机架各个部件连接情况和地轮的运转情况，发现问题及时处理。

（2）搂草机与牵引车连接后，要调整好耙齿与地面的距离，在搂草前要处于离合状态下。

（3）牵引架连接点距地面要保持在3～43cm的高度。

（4）当转盘处于最低位置时不能后退，以免损坏耙齿。

（5）要在停车状态下调整各部件。

（6）当机器处于运转状态下，不要从搂草机上清除阻塞的干草；更不许他人坐在机架上。

（7）万向节护壳没有安好时不能开机。

（8）作业中，若出现弹齿拨动牧草卡滞、地轮不转动等缘故，应停机检修好再继续作业。

(9) 作业后，应清除机器上的泥土和缠草，并向拐轴、地轮等传动机件加润滑油，机器季后不用时，应对其全面保养后放置在干燥处。

2. 故障分析

(1) 断齿：引起断齿原因有固齿胶座老化，耙齿距地面太低，草地中柳条茬硬伤等。

(2) 草成团缠绕：草成团缠绕搂草架造成草趟不匀和前进阻力增大，甚至草架变形，这是由于草水分含量过高或展露过大，推迟搂草即可。

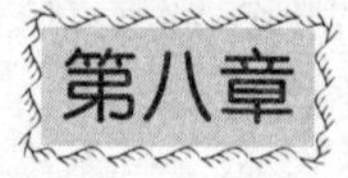

压捆机

压捆机是将晾干的草条，捡拾后打成方形草捆或卷成圆形草捆，以增加密度、减少体积，便于运输和搬运，主要有方草捆压捆机和圆草捆卷捆机。方草捆压捆机按机组形式可分为固定式、牵引式和自走式，其中，牵引式和自走式都带有捡拾器，称为捡拾压捆机；方草捆压捆机按草捆压紧密度分为低、中、高3种，分别为小于100kg/m^3，100～200kg/m^{3}和200～300kg/m^3，目前以中、高密度居多。圆捆机按工作部体型式可分长胶带式、短胶带式和辊子式，按工作原理可分为内卷绕式和外卷绕式，其中，长胶带式为内卷绕式，短胶带式和辊子式为外卷绕式。

第一节　方草捆压捆机

一、方草捆压捆机发展及农业技术要求

1. 方草捆压捆机发展历史

1853年，美国的埃默里发明了牧草压捆机，方便了运输。这种压捆机是一种水平压力机，在打捆箱两端的延伸部分各装一个功能如活塞的挡板，当把草放在箱内的时候，由马来拉动一套链子和滑轮机构，这样打捆箱两端的挡板做相向运动，从而将草压紧。这种压捆机每小时可打5捆草，每捆重125kg，它的弊病就是当机器运行时，仍需工人作辅助工作。

1858年，约翰·费·阿普尔比发明了绳子压捆机，但由于绳子的价格昂贵，所以，直到20年后这项技术才得以发展。这种压捆机使用方便，

机型灵巧。1878 年，制造商迪林生产的压捆机采用了阿普尔比的打捆方式。

1871 年，美国人沃尔特·伍德获得了钢丝压捆机的专利，在当时这种压捆机是很出色的，还曾经在英国展览过。

1872 年，美国的戴德里克在埃默里基础上研制出连续生产的压捆机，在美国和英国取得极大成功，从而加快了生产节奏。

1884 年，又研制出了蒸汽压力压捆机，这种压捆机将草压成捆后，用人将草捆好，然后自动将草捆弹出。

1930 年，由美国几家公司率先研制出牵引式压捆机，研制的压捆机能自动完成物料的捡拾、输送、喂入和压缩等作业程序，但关键的打捆作业工序仍需要人工完成。

1930 年后，欧美工业发达的国家尝试把割捆机的捆绳打结器引用到牵引式压捆机上，由捆绳打结器自动完成打捆作业程序，不经任何改进，把割捆机捆绳打结器直接配置在压捆机上，打结器会频繁发生故障。

自 20 世纪 30 ~40 年代以后，经过十几年的不断发展，压捆机的性能和可靠性有了很大的提高，特别是第二次世界大战结束后，田间自动打捆压捆机获得了普遍推广使用。

1976 年，美国惠斯顿公司首先开发研制出了大方捆机，随着大方捆机的不断应用改进，其销量越来越大。

方草捆产品的的应用已经有一个多世纪的历史，捡拾压捆机应用也有 70 多年了，方草捆产品很好地解决松散草物料的储存、处理、流通的基本矛盾，方草捆可以较好地保持草物料的质量、减少过程损失和对环境的污染。

2. 方草捆包式捡拾压捆机农业技术要求

苜蓿在田间干燥（含水率 20% 左右）后，再用捡拾压捆机顺着草条进行捡拾压捆作业。捡拾压捆机械都应满足以下作业技术要求。

（1）捡拾草条干净，遗漏率低，其总损失率应不大于 3% 。

（2）压捆机构工作稳定，在一个作业季节内的成捆率应不小于 99% 。

（3）草捆的密度和长度具有可调性，草捆密度不低于国家行业标准规定的下限制。

（4）草捆外形整齐规则，草捆各边长度尺寸的最大值与最小值之差一般应不大于边长平均值的 10% 。

(5) 草捆应具有良好的抗摔性，在装载、运输、卸载和码垛过程中不宜散捆。

(6) 草捆在露天贮存的条件下，至少在一年内不会因为捆绳老化而导致散捆。

(7) 作业经济指标良好，在凹凸不平的田间作业时，压捆机应具有较好的仿形缓冲性能和地面适应性。

二、小方草捆包式压捆机

1. 小方草捆包式压捆机结构原理及草捆尺寸简介

方草捆包式捡拾压捆机主要由捡拾器、输送器、填草器、压缩装置、草捆紧密度调节器、草捆长度控制装置和捆扎装置等组成。干草条由捡拾器捡拾，经输送器送向压捆室入口处，由填草器装入压捆室，作往复运动的火塞将送入的一份干草压缩并向前推移，火塞前切刀将草层切断，使各层能很好分开，火塞回行时由压缩室内的止回装置防止草层的松回。当被压缩的草层积累至一定长度，由捆扎装置将草捆扎。然后由火塞和后进入的草层将草捆推出机外。目前，方草捆捡拾压捆机有多种不同的输送喂入装置方案，如螺旋输送喂入、拨叉式输送喂入及两种方式的组合喂入等。

草捆的形状尺寸，在国内外已经标准化，其断面面积主要是360mm×460mm（14″×18″），310mm×410mm（12″×16″），410mm×460mm（16″×18″）等，我国通用的是360mm×460mm。草捆的的长度一般是600～800mm，草捆长度是可调的，以保证形状的稳定性和生产、处理、应用的方便性。目前，捡拾压捆机生产的草捆密度，一般是130～180kg/m^3，国内外捡拾压捆机生产的草捆密度一般都小于200kg/m^3。捆草用捆绳已经标准化，一般的捆绳有剑麻绳和塑料绳，直径为2～3mm，表面均匀光滑，拉力强度不低于980N（SPPK－320型）和890N（SPPK－360型），如果是铁丝捆束，其捆束铁丝强度345～483（MPa），铁丝进行了退火处理，国内外目前基本上不用铁丝打捆。

2. 小方草捆包式压捆机主要类型

（1）跨行式方草捆包式压捆机（图8－1，表8－1）。

图8－1　跨行式方草捆包式压捆机

（引自 http：//www. nongjitong. com/product/2018. html）

表8－1　跨行式方草捆包式压捆机技术参数

技术指标		参数
打捆室	横截面积（mm）	360×460
	草捆长度（mm）	310～1 300
	草捆密度（kg/m^3）	120～180
捡拾器	外侧挡板间的宽度（mm）	2 264
	内侧挡板间的宽度（mm）	1 928
	弹齿杆数量和弹齿	3条，112个
	搅龙直径（m）	外径280
	仿形轮	2个（每边一个）
喂入器	结构型式	曲柄摇杆式，4个喂入叉
	喂入室容积（cm^3）	2 851
活塞	工作速率（往复次数）（次/分）	100
	工作行程长度（mm）	550

（续表）

技术指标		参数
压捆机构（绳）	打结器数量（个）	2
	捆绳箱容量（卷）	6
配套拖拉机	动力输出轴转速（r/min）	540
	功率（hp）	>40
压捆机	外形尺寸（长×宽×高（mm））	3 300×2 350×1 725
	重量（t）	1.7

（2）MARKANT 正牵引式压捆机的技术参数（图 8－2，表 8－2）。

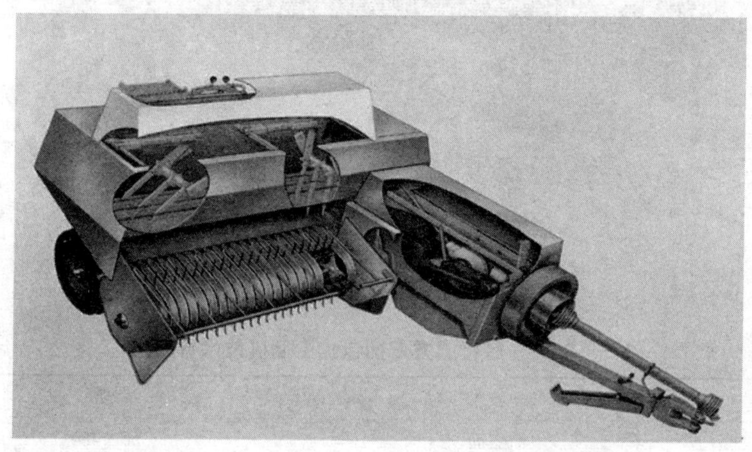

图 8－2　MARKANT 方包捆压机

（引自 http：//www.nongji1688.com/sell/show/5405091/）

表 8－2　MARKANT 方包捆压机主要技术参数

技术指标	参数	
型号	MARKANT 55	MARKANT 65
捡拾宽度（m）	1.65	1.85
喂入器内齿（个）	3	3
喂入器外齿（个）	2	2
活塞冲程次数（次/分）	93	93
草捆室规格（宽×高）（mm）	460×360	460×360
草捆长度（m）	0.4～1.1	0.4～1.1
绳箱容量（卷）	6	8
重量（kg）	1.290	1.460

(3) 约翰迪尔方捆压捆机 (图 8－3，表 8－3)

图 8－3　约翰迪尔方捆包式压捆机

(引自 http：//www. nongjitong. com/product/1910. html)

表 8－3　约翰迪尔方捆包式压捆机技术参数

技术指标	参数		
型号	349	359	459
捡拾宽度 (m)	1.75	1.75	2.0
弹齿杆数量 (个)	4	6	6
弹齿间距 (mm)	—	—	—
喂入结构型式	搅龙单叉式	搅龙单叉式	搅龙单叉式
喂入叉工作频率 (次/min)	80	92	100
活塞行程次数 (次/min)	80	92	100
活塞行程长度 (mm)	760	760	760
压捆室 (宽×高) (cm)	46×36	46×36	46×36
草捆长度 (cm)	30～130	30～130	30～130
打结器型式	D 型	D 型	D 型
打结器主轴转速 (次/min)	80	92	100

三、大方草捆包式压捆机

1. 大方草捆包式压捆机的草捆尺寸及结构类型

大方草捆机主要为了秸秆燃烧发电提供大方草捆，因为方草捆大而重，在生产、处理需要全盘机械化。大方草捆截面尺寸有 0.8m×0.9m、1.2m×0.7m、1.2m×0.9m，最大的能达到 1.2 m×1.3m。草捆长度一般为 0.9～

2.5m，重量最大已超过 1 000kg。打捆密度 200kg/m^{3}以上，有的达 250 ~ 370kg/m^3，一般有 4 ~6 道捆绳，压缩次数为 40 ~60 次/min，机器重量大，其最大功率超过 100kW。

按输送喂入机构结构形式不同，大方草捆机有两种喂入方式，顶喂入式大方草捆机和底喂入式大方草捆机，它们主要由牵引架、捡拾器、螺旋输送器、滚筒式切碎喂入装置，扒齿式输送喂入装置、喂入机构、预压捆室、活塞、压捆室、压捆机构、草捆密度和长度调节装置、传动系统和行走轮等组成。

在田间工作过程中，草条经捡拾器、螺旋输送器捡拾输送到预压缩室入口前方（底喂入式）或弧形输料腔下方（顶喂入式）。由于喂入口设置的位置不同，此后物料的输送喂入和流动过程亦不同。对于底喂入式的大方捆机，由切碎喂入装置将物料连续喂入到预压捆室。待物料充满预压捆室后，再由喂入机构将物料从压捆室底部的喂入口填入到压捆室内。如不采用切碎装置，则有中间输送机构将物料填入预压缩室。对于顶喂入式的大方捆机，则由扒齿式喂入装置将物料沿着弧形喂入腔提升到压捆室上方，再由双叉式喂入机构将物料从压捆室顶部喂入口填入到压捆室内，在活塞的作用下，物料在压捆室内进一步被压缩，最后被压实的物料由压捆机捆扎成草捆后，经方捆板落到地面（图 8 -4）。

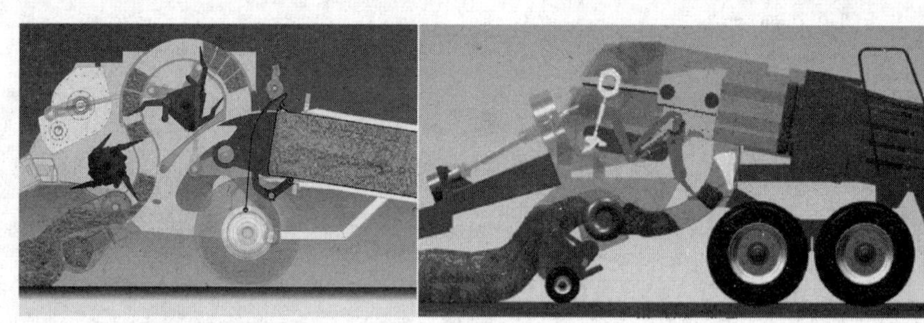

a. 顶喂入式　　　　b. 底喂入式

图 8 -4　大方草捆包式压捆机喂入方式

（引自 http：//www. nongjitong. com/product/mucao_ dafang_ bander. html）

2. 大方草捆包式压捆机工作优点

（1）宽幅、小直径、高转速、密集弹齿的滚筒式捡拾器和旋转式输送喂入机构能快速、干净地捡拾起地面的草条，并能连续地喂入到预压捆室，捡拾、输送喂入能力强，生产效率高。

（2）物料在预压捆室内被预先压缩，而且分布均匀一致，预压捆室内的草片喂入到压捆室后再经活塞反复压缩，草捆密度高，外形整齐规则。当收获麦秸、牧草和半干青贮牧草时，草捆密度可达到 150 ~ 180kg/m³、220 ~ 250kg/m³ 和 300 ~ 450kg/m³。

（3）活塞的往复行程次数只有 25 ~ 60 次/min，故在压缩行程中活塞和压捆室的冲击和振动小，有利于延长活塞的使用寿命。

（4）在草捆形成过程中，捆绳不被夹绳器夹持，而且不接触打结器任何零件，零件磨损小，打结器故障低，成捆率高。

（5）电子遥控系统能自动控制机器的重要工作参数和工况，操作更加方便舒适。

（6）超载安全保护装置可及时发现超载现象，避免零部件损坏。

（7）既能收获稻麦秸秆和风干牧草又能收获半干青贮牧草，机器适用范围广，适应性强。

（8）作业效率高，整机故障少，维护保养方便，作业成本低。

（9）提高了草捆尺寸和密度，单个草捆重量一般在 0.4 ~ 0.7t，最大的可达到 1t，与草捆捡拾运输机械配套，使劳动生产率大为提高。

3. 主要大方草捆包式压捆机的技术参数

（1）德国 Krone 公司的大方捆包式压捆机（图 8 - 5，表 8 - 4）。

图 8 - 5　德国 Krone 公司的大方捆包式压捆机

（引自 http://www.krone-northamerica.com/english/news/new-big-pack-large-square-multibaler/）

表 8-4 德国 Krone 公司的大方捆机包式压捆机技术参数

技术指标		参数		
型号		Big Pack890xc	Big Pack1290xc	Big Pack1230xc
捡拾器	捡拾宽度（m）	1.95	2.35	2.35
	弹齿杆数量（个）	5	5	5
	弹齿间距（mm）	55	55	55
喂入结构型式		旋转切割、底喂入	旋转切割、底喂入	旋转切割、底喂入
动刀片数量		16	26	26
压捆室（宽×高）（cm）		80×90	80×90	80×90
草捆长度（m）		1.0~2.7	1.0~3.2	1.0~3.2
活塞行程次数（次/min）		50	38	38
活塞行程长度（mm）		750	750	750
打结器型式		D 型打结器	D 型打结器	D 型打结器
打结器数量（个）		4	6	6
整机重量（kg）		6 580	9 050	12 350
配套动力（kW）		90/120 马力	112/150 马力	140/190 马力
动力输出轴转速（r/min）		1 000	1 000	1 000

（2）美国 New Holland 公司的大方捆包式压捆机（图 8-6，表 8-5）。

图 8-6 美国 New Holland 公司的大方捆包式压捆机

（引自 http：//agriculture1. newholland. com/nar/en - us/equipment/products/haytools - and - spreaders/bigbaler）

表 8－5　美国 New Holland 公司的大方捆包式压捆机技术参数

技术指标		参数	
型号		BB930A/BB940 A	BB950A/BB960 A
捡拾器	捡拾宽度（m）	1.98	2.40
	弹齿杆数量（个）	4	5
	弹齿间距（mm）	—	—
喂入结构型式		旋转切割、底喂入	旋转切割、底喂入
动刀片数量		23	33
压捆室（宽×高）（cm）		80×70/ 80×90	120×70/ 120×90
草捆长度（m）		最常 2.5	最常 2.5
活塞行程次数（次/min）		42	42
活塞行程长度（mm）		710	710
打结器型式		D 型打结器	D 型打结器
打结器数量（个）		4	6
配套动力（kW）		95/130 马力	110/150 马力

四、自走式压捆机和自带动力牵引式压捆机

自走式压捆机是借助自身配置的动力系统完成田间打捆作业的机具，由发动机、底盘、驱动轮、驾驶室等组成，自走式压捆机具有自动化程度高、使用操作灵活方便、生产率高、视野性好等优点，但动力部分利用率较低。自带动力压捆机由压捆机上发动机驱动，在总体设计上，自带动力牵引式压捆机加强了活塞、压捆室等部件的强度，设置了 41cm×58cm（16″×23″）大截面压捆室、1.8m 宽幅捡拾器和 3 个打结器。作业过程中发动机转速和草捆密度的调整、捡拾器的升降以及机器由工作状态转换成运输状态等操作过程均由操作者在驾驶室内遥控。

五、方草捆包式压捆机的正确使用及维护

1. 作业前检查

工作场地及作物检查：对作业现场的作物品种、含水率、草条宽度、每米草条重量和地表状况要有一个大概的了解，做到心中有数，当草条含水率

超过23%时，不宜进行打捆作业，否则不仅机器频繁发生故障，而且草捆也易于发热霉烂。

机器外观检查：检查各紧固件有无丢失，紧固是否可靠；检查曲柄下护板和针架下护架零件是否丢失、变形，如丢失变形要及时配齐或校正，这是保护曲柄和针架的重要零件。

安全性重点检查：检查行走轮、轮毂（gu）螺栓、螺母紧固是否可靠，避免发生行走时螺栓脱出的事故；检查牵引架与机体铰接销轴、与拖拉机铰接销轴铰接是否可靠，避免脱出的事故；检查拖拉机动力输出轴转速是否满足打捆机转速的要求。

传动正时的检查：调整打开飞轮罩，用手逆时针转动飞轮，检查各运动件（传动轴、安全离合器、齿轮箱、活塞、喂入拨叉、搅龙、捡拾器）运动是否卡滞、干涩，皮带、链轮张紧是否到位。所谓正时调整，就是要将活塞、喂入拨叉、穿针三者的动作时间协调好，目的一是避免活塞与喂入拨叉运动中碰撞，且要保证拨叉在活塞的固定行程中喂入拨草，二是保证穿针与活塞的正确运动位置，穿针上升到压缩室后即在活塞的空槽中运动，避免损坏穿针。正时调整的正确与否直接关系到整个方捆机各部位工作的协调性和一致性，是重要的检查项目。

打结系统的检查调整：打结系统是关系方捆机工作成捆率的重要部分，它由穿针及针架、制动器、打结器、离合器总成、拨绳盘及凸轮盘、捆绳组成，其中打结器为其核心部件，方捆机出厂时已经将该部分调试合适，一般可不做大的调整。

制动器不能太紧或太松，只要保证穿针架能在任意位置停住即可。

在打结器总成中，注意刀臂与打结嘴的行程要大于13mm，打结嘴压力弹簧一般情况下保持长度17mm，视捆结的松紧稍做调整。

拨绳盘的位置要根据喂入量的情况调整，并同时调整拉杆长度，可以找到一个合适的位置，保证成捆率。要选质量好，粗细均匀，抗拉强度好的捆绳，草捆绳粗细不匀或强度不够都影响打捆的成功率。当所有调整完成后，可模拟打捆动作来验证调整是否正确。这步操作最好两人进行，一人盘动飞轮，一人紧盯捆绳，观察打结器动作，并在退绳时给以向下的力，使绳结顺利退出。

润滑检查：检查齿轮箱润滑油是否充足，打结器、穿针管架、搅龙传动轴、活塞连杆等处需加注黄油。

2. 打捆前检查

打捆前，应使机器空运转 3 ~ 5min，观察各个运动件是否相互干涉、滞卡、各处联结是否牢固可靠。

在机器调试阶段，拖拉机要低速慢行。正式打捆过程中主要是正对现场作业进一步精调机器，捆绳初张力、草捆密度不要调得太大，待头 3 ~ 5 个草捆落地后，仔细观察草捆上的绳结是否标准、结实。正式打捆调试中，偶尔出现散捆现象是正常的，不要急于马上动手调整打结器，如果发生连续散捆，则应停止作业，认真分析原因，并对机器进行必要的调整。

为防止因为超速和超负荷导致机器发生故障，在作业过程中不要使拖拉机输出轴超过标准输出轴。同时操作者要注意观察捡拾器、输送喂入结构是否堵塞或过载，根据草条以及田间地表变化情况，及时调整拖拉机前进速度或动力输出轴转速。

作业中停车不能急着松油门，先踩离合器摘挡，待捡拾器把草捡喂完原地空转后松油门、方草捆捡拾压捆机空负荷状态下停车，避免重新作业时捡拾器、输送喂入机构堵塞而损坏工作部件。

3. 田间使用的准备

将压捆机连接到拖拉机上。慢慢向前拉动牵引架活门拉绳（或者开动选用的牵引架摆动油缸）直到穿过孔。如果安装牵引架摆动油缸，主机（拖拉机）应停车熄火，或者停车不熄火，但应切断拖拉机提供给压捆机的动力，挂钩销一定要结合。将捡拾器降低到工作位置。检查确认绳箱、线盘是否装满，压捆机是否穿好线。

检拾器的调整：捡拾器在工作中应有合适的捡拾高度并能适当浮动，既保证捡拾干净，又保证弹齿和运动件不受损坏。高度调节用丝杠手柄直接调节，捡拾器浮动用捡拾器后面的拉伸弹簧调节，调好的标准是用 170N 的力提升捡拾器前部，能将捡拾器提起。由于捡拾器的高度和浮动会影响捡拾器驱动皮带的张紧力，所以调整后要通过螺母将张紧轮张紧。

安全离合器的调整：安全离合器弹簧按要求压缩后长度 41mm，不可过度压缩，否则会引起机器的损坏。

草捆密度调整：一般新机器不可将草捆密度调的过大。对禾本科牧草保证到 130kg/m^3 即可，对稻、麦秸秆保证 100kg/ m^3 即可。

草捆长度调整：草捆长度可调范围在 300 ~ 1 200mm，通过上下移动侧长控制器上的滑块位置实现。一般草捆长度按草捆高度的两倍取值为佳，即长 720mm。

4. 压捆机的使用

启动压捆机：在启动压捆机之前，用厂家配套提供的专用工具先检查动力输出轴滑动离合器扭矩。在压捆机经过保养和正确地连接到拖拉机上之后，应确认所有人员都已离开机器，工具也已清理干净，小心地接合拖拉机动力输出轴，让压捆机在空载状态下运转一段时间并逐渐提高火塞速度至每分钟 93 个冲程。需要注意的是，压捆机在动力输出轴转速为 540r/min 时，柱塞速度预定为每分钟 93 个冲程。

如果一个草捆拖车即将收集草捆，但使用者还不了解草捆拖车的型号时，一定不要盲目开始打捆。使用者通过经销商或者驾驶员手册弄清楚该拖车型号所规定的草捆长度，了解草捆的平均长度，对于草捆拖车的使用是很重要的。若需得到期望的草捆长度，重新调整启动臂止动装置。

机收后小麦等农作物秸秆田间铺放越是均匀，则进入压捆机的草料数量越是一致，不均匀或成束的农作物秸秆将造成草捆部分厚度的变化，每个草捆的装料越多，草捆长度越是一致，由于打结器脱开之后压捆机还能再向草捆增加进料，故添加的进料越是一致，则总长度越一致。

为了获得理想的一致性，建议对于一个 102 ~ 104cm 的草捆，火塞冲程不少于 15 个；而对于一个 89 ~ 91cm 的草捆，火塞冲程不少于 13 个。根据草条变化，通过换挡调节拖拉机作业速度，以获取每个草捆适量的进料。

草捆应足够坚固，立放而不变形，这意味着草捆不必重但是要坚固，为此可按需要上紧压捆机的压力导轨，如果压力导轨不能足够紧，得不到希望的密度，还可以增加压捆室的牧草挡块，压捆室内有孔，可供安装 4 对挡块使用。

草捆不仅要坚固而且一定要直，压捆机的喂入越均匀（在喂入器正确调整之后），则草捆形状越一致。当草条尺寸较小时，提高作业速度，当草条尺寸较大时，相应减低作业速度。

为了使用草捆拖车，在压捆机上必须安装直角草捆滑道，草捆在地面上被立放，这是草捆拖车能够搬运草捆的唯一方式。

草捆必须干燥。如果秸秆不能足够干燥，就达不到用草捆拖车搬运的条件，因为草捆拖车搬运对草捆的重量有要求，含水太高使得重量太大，影响搬运速度。其次如果草捆整夜放在野外，可能会从地面和露水中吸收水分，影响草捆品质，缩短草捆存放时间。

使用质地良好的捆绳以保证草捆被完全捆牢并保持要求的牢度，为适应草捆质量的要求，捆绳必须有足够的打结强度。

打捆时使用拖车，打好 15 ~ 20 捆要停下来等待，直到已调整好草捆拖车已经捡拾起一些草捆再继续打捆。当发现草捆不像要求的那样精确，确认草捆不适宜拖车之后，可继续打捆但切勿在拖车前面打大量的草捆，让被捡拾的草捆尽可能紧靠在压捆机后面。停车不熄火但应切断拖拉机提供给压捆机的动力，人工将捡拾的草捆搬运至拖车上。然后进行检查并消除产生不良草捆的可能性，再继续工作。

当摘卸压捆机时，要把压捆机停放在水平地面上，将轮子打上掩块和轴承滑轨进行检查。在柱塞拆除之后，细心检查轴承的磨损、平面斑痕、密封和运转情况，必要时予以更换。将不可调节的轴承拧紧至 225 N · m,检查柱塞滑板的磨损并进行调节。任何在滑轨与柱塞架之间的垫片应保持原位。检查草捆室中柱塞导轨的磨损情况，导轨上会出现轴承或滑块磨出的沟，必要时更换导轨。需要更换导轨时，若它用垫片垫着，在安装时要确保将垫片装回原位，以保持导轨直。在草捆室右下角的垂直导轨必须呈直线，从前到后不直度在 0. 38mm 内。

工作结束后，把未用完的捆绳取出，保存在室内，彻底清理方捆机，防止脏物和灰尘吸收潮气而造成锈蚀；清洗打结机构，并涂润滑脂；清洗链条；压缩室导轨上涂润滑脂；松开安全离合器弹簧；彻底润滑方捆机。

六、方草捆包式压捆机常见故障排除技巧

参见表 8 –6 所示。

表 8 –6　方草捆常见故障及排除方法

序号	故障现象	故障原因	对应的排除方法
1	草捆形状差	捡拾器传动皮带调整不当，作业速度不合适，喂入器定时不正确	检查并调整捡拾器传动皮带，调整作业速度，获得均匀的喂入量或对喂入器重新定时
2	草捆太重	压力导轨的压力太大、打捆室内挡草楔块太多、打捆室内物料堆积	降低压力导轨的压力、去掉一组或多组楔块，但不要去掉前面的，以免出现压捆问题或者清理打捆室
3	草捆太轻	压力导轨的压力不够、打捆室内挡草楔块不够	解决办法是增加导轨压力、增加一组或多组挡草楔块

（续表）

序号	故障现象	故障原因	对应的排除方法
4	喂入辊被作物缠绕	喂入器正时不正确、喂入辊或填充叉间隙太大，潮湿、柔韧的作物没有被喂入辊铺开	检查左、右喂入辊与填充叉的正时、调整喂入辊和填充叉尽可能接近、使用“水滴”形喂入辊
5	填充叉断裂	喂入器内有杂物，捡拾器传动皮带卡住或者太紧导致过量喂入、重捆已碎草捆太快、潮湿的草条、第二级吸入器传动链松驰、吸入器对柱塞的正时不正确	除去所有杂物、检查和调整捡拾器传动皮带、摊开已碎草捆，缓慢操纵、用足够的时间使牧草干燥、调整第二级吸入器传动链、调整正时
6	填充叉有噪声	吸入器链太松、轴承磨损	调整链子、更换轴承
7	作物缠绕在喂入辊拨指或喂入辊轴上	吸入辗拨指的间隙太大	调整吸入辗拨指的间距，当一个拨指扫过另一个拨指时间距在 0.5 ~ 2mm。在生长有容易缠绕的作物地块中，比如葡萄园中要把间隙调整到 0.5mm，如果条件需要，可以把间隙调整到 0
8	草条捡拾不净	捡拾器上缺齿、捡拾器支撑太高、捡拾器浮动重量太轻、行驶速度太快、搂草条不当、捡拾器传动皮带过量打滑	更换齿、调节捡拾器轮齿使离地间隙 25 ~ 50mm、调节弹簧使捡拾器轮上的重量保持在 12 ~ 14kg、减慢地面速度、重新搂草条、从搂草的相反方向打捆可改善捡拾性能
9	捡拾器齿弯曲或断裂	捡拾器调整太低、捡拾器重心太高、在未切割的牧草中行驶、越过垄或沟、扶倒器弯曲、捡拾器传动皮带调得太紧而引起过量喂入	调整捡拾器轮使齿离地间隙 25 ~ 50mm、调整提升弹簧使捡拾器轮上的重为 12 ~ 14kg、提升捡拾器、校真扶倒器、检查并调整捡拾器传动皮带
10	捡拾器轮或轮胎失灵或捡拾器轮支架弯曲	捡拾器上重量太大、捡拾器轮运行时卡在障碍物上或者落在孔内、在道路上高速行驶时捡拾器下落	高速提升弹簧使捡拾器轮上重为 12 ~ 14kg、转向时提升捡拾器、运输时将捡拾器升起
11	捡拾器不能自由浮动	枢轴位置粘固、捡拾器提升弹簧调整不当	每天注油、调整提升弹簧使捡拾器轮上的重为 12 ~ 14kg

第二节　圆草捆包式卷捆机

一、圆草捆包式卷捆机发展历史

20 世纪 60 年代，德国的 Vermeer 公司在北美市场推出第一台圆捆机，属于长皮带内缠绕式圆捆机，内缠绕式圆捆机卷制的草捆直径在一定范围内可调，可以满足用户对不同草捆外径尺寸的需要。内缠绕式圆捆机的缺点是不利于成捆后通风干燥。

1974 年，德国的 welger 公司发明了外缠绕式圆捆机，成捆室腔体外径固定，卷制的草捆外紧内松，成捆后透气性好，利于通风干燥，耐候性好。

1977 年，德国 claas 公司率先推出了第一台 Rollant85 型辊筒外卷式圆捆机。1980—1982 年，该公司将其发展完善成 85、62、44、34 型系列产品，分别由 20、18、14、11 个钢辊组成成捆室，按圆周排列直径为 1. 8m、1. 6m、1. 2m、0. 9m 的直径成捆室。

1981 年，德国 Welger 公司研制成 RP15 和 RP12 型 2 种新机型，特点是钢棍直径小，数量多。

20 世纪 80 年代中期，为了提高效率和适应性，对圆捆机进行了改进，如 Claas 公司的“螺线形卷压室”技术，许多公司采用了“绳网包卷草捆”技术，还有研发出不停机型圆捆机。

20 世界 80 年代中后期，圆捆机仍然继续发展和完善，如包卷草捆技术方面，继绳网包卷草捆技术后，为实现圆草捆的青贮作业又出现了塑料膜包卷草捆技术。

圆草捆机经历了近 40 年的发展和演变，目前技术已经比较成熟，结构日趋完善。特别是近几年，自动控制技术在圆草捆机上得到了广泛的应用，在驾驶室内安装的电控面板可以全程监测圆草捆的行程过程；可以采集和记录圆草捆行成过程的压力、重量和密度等成捆参数；也可以预先设定圆草捆的重量、密度等参数，使圆草捆机的操作和使用更加简单方便，更加人性化。

二、圆草包的卷捆特点及在饲草收获中的作用

圆草捆呈圆杆形，直径为 1. 5 ~ 2. 0m，长度为 1. 2 ~ 1. 7m，重量为

300～900kg，紧密度为100～220kg/m³，它的优点是机器结构简单，使用调整方便，草捆便于饲喂，捆绳用量较少。圆草捆在室外数日后，能形成7～15cm厚的外壳，下雨时雨水能流走而不被吸入，因此，收获后储存可较为从容，但室外长期贮存的损失仍可达10%～15%。在欧洲一些国家常采用简单的前开式棚舍储存，要求在收获后数日内进行储存。圆草捆的缺点是草捆过重，从储存点到喂饲点必须用机械搬运，从这一点讲又给喂饲带来不便。

三、圆草包的卷捆类型和结构

图8－7　外卷绕辊子式卷捆机工作示意图

1. 外卷绕辊子式卷捆机

工作时捡拾器弹齿将草条捡拾起后，由扒齿式喂入装置强制喂入压缩室，压缩室由卷辊组成，压缩室大小保持不变，各卷辊做顺时针方向回转，被喂入压缩室的牧草即随卷辊转动，靠摩擦力上升到一定高度后，因重力而滚落在后喂入的草层上，形成草捆芯，草捆芯继续卷辊，直径逐渐扩大，当达到一定尺寸后卷辊将牧草形成压缩，逐渐形成外紧内松的圆草捆，但草捆达到所要求的密度后，控制箱上红灯发亮，同时蜂鸣器发出响声，布绳装置将捆绳甩入卷压捆处，并绕在草捆外围上，捆绳被自动切断，工人操纵液压阀，由液压油缸打开后压捆室，草捆即自动卸出（图8－7）。

工作时，被捡拾的牧草由输送喂入装置的光辊夹送到两组胶带形成的卷压室，随着上胶带旋转，牧草靠摩擦力上升，达到一定高度时，因重量而滚落到下胶带上形成草芯，随着滚卷增多，草芯直径逐渐扩大到一定尺寸后，离开下胶带形成一个圆柱形大草捆，由卷压室两侧摇臂上的弹簧，通过摇臂

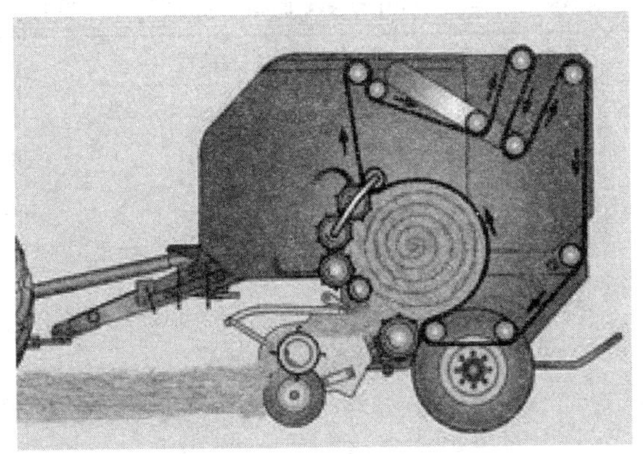

图 8－8　内卷绕长胶带式卷捆机工作示意图

以及与摇臂同轴的张紧臂和上圈胶带对草捆施加压力，草捆形成后进行绕绳，再打开后门排除。由于弹簧张力是随草捆变大而逐渐加大，故草捆内部压力小于外围压力（图 8－8）。

2. 主要圆草包卷捆机技术参数简介

（1）美国 John Deere 圆草包卷捆机（图 8－9，表 8－7）。

图 8－9　美国 John Deere 圆草包卷捆机

（引自 http：//www. deere. com/en_ US/products/equipment/hay_ and_ forage_ equipment/hay_ and_ forage_ equipment. page）

表 8-7　美国 John Deere 圆草包卷捆机技术参数

技术指标	参数		
型号	449	459	469
形式	长皮带式	长皮带式	长皮带式
机器质量（kg）	1 524	2 445	2 597
机器长度（mm）	3 439	3 612	3 706
机器宽度（mm）	2 260	2 260	2 440
机器高度（mm）	2 337	2 596	2 794
捡拾器宽度（mm）	1 166	1 803	1 803
草捆直径（mm）	890 ~ 1 300	890 ~ 1 524	813 ~ 1 829
草捆长度（mm）	1 171	1 171	1 171
草捆质量（kg）	566（低水分青贮）	784（低水分青贮）	998（低水分青贮）
辊筒或皮带数	66	6	6
配套动力（kW）	PTO33. 6	PTO41. 2	PTO48. 5

（2）上海斯达尔圆包卷捆机（图 8-10，表 8-8）。

图 8-10　上海斯达尔圆包卷捆机

（引自 http：//www. shanghai - star. com/Product. aspx？ id = 14）

表 8-8　上海斯达尔圆包卷捆机技术参数

技术指标	参数	
型号	MAB0850	MRB0870
形式	辊筒式	辊筒式
机器质量（kg）	390	440
捡拾器宽度（mm）	800	800

（续表）

技术指标	参数	
型号	MAB0850	MRB0870
草捆直径（mm）	500	500
草捆长度（mm）	700	700
草捆质量（kg）	20～25	30～40
作业速度（kW/h）	2～5	2～5
配套动力（kW）	25	30

四、圆包式卷捆缠膜一体机结构

圆捆缠膜一体机属于牵引式青贮圆草捆和包膜的联合作业机具，具有卷捆、包膜一次完成的特点，主要由牵引装置、捡拾装置、切碎装置、卷捆装置、行走装置、包膜装置、控制装置和传动装置等组成。在圆捆机和后面的缠膜机之间有可翻转的平台，当圆捆机卷捆室内的圆草捆已达到足够的尺寸和紧密程度并进行绳网包卷以后，圆捆机的后门开启，可翻转的平台转至向前倾斜，圆捆滚入可翻转平台，然后翻转的平台抬起，使圆草捆滚入包膜平台。圆捆缠膜一体机的最大优点是在圆捆机正常作业卷制草捆的同时，缠膜机同时也在工作，这就大大提高了工作效率，降低了生产费用，最大限度地减少了牧草在收获过程中的损失率。

德国 claas 公司的圆包式卷捆缠膜机（图 8－11，表 8－9）。

图 8－11　德国 claas 公司的圆包式卷捆缠膜机

（引自 http：//www. claas. co. nz/products/round－balers/rollant455－454－uniwrap）

表 8-9 德国 claas 公司的圆包卷捆缠膜机技术参数

技术指标	参数			
型号	ROLLANT255RC	ROLLANT255RC UNIWRAP	ROLLANT260RC	ROLLANT280RC
形式	滚筒式	滚筒式（联合）	长皮带式	长皮带式
捡拾器宽度（mm）	2 100	2 100	2 100	2 100
草捆直径（mm）	1 250	1 250	900 ~ 1 500	900 ~ 1 800
草捆长度（mm）	1 200	1 200	1 200	1 200
定刀片数量	16	16	14	14
卷压辊筒数	16	16	—	—
长皮带数	—	—	5	5
编织物（长皮带）	—	—	加强型	加强型
塑料膜张紧器	—	2 × 750	—	—
塑料膜贮存（卷）	—	12	—	—
包膜重叠率（%）	—	52	—	—
塑料膜预拉伸（%）	—	6	—	—
机器全长（mm）	4 720	6 700	4 680	4 680
机器全宽（mm）	2 330 ~ 2 770	2 830	2 490	2 490
机器全高（mm）	2 310	2 830	2 790 ~ 2 830	2 990 ~ 3 030
配套动力（kW）	—	82	75	82

五、圆包式卷捆机的正确使用

调整绕绳机构、捡拾器高度、捡拾器和喂入辊间隙、草捆松紧度等部位，检查各零部件运转情况是否正常，若有异常，应停机检修。

当压捆机液压管与拖拉机液压输出端联接后，检查液压管路是否有泄漏，禁止在液压油管有压力的情况下插拔油管。

压捆机在使用过程中，严禁捡拾器弹齿耙地，注意观察压捆机工作状况提示，按使用说明书规定操作，特别应注意的是草捆达到设定要求、绕绳机构开始工作时，要立即使车停止前进，同时控制油门保持不变，让动力输出轴继续转动，进行草捆捆扎，捆扎工作完成后，压捆机开启成形室后门卸下草捆，完成草捆打捆工作。

压捆机作业时遇到堵塞情况，要关闭发动机，切断动力后再清除。压捆机在卸草捆时，后面禁止站人，以免挤伤、碰伤。

压捆机在维修、保养时，必须切断发动机动力输出。

拖拉机牵引压捆机在公路上行驶，要注意行车安全，确保动力输出被切断。

参考文献

蔡小麟. 2004. 喷灌机的使用及维护［J］. 农业机械化与电气化,6：12.

戴玲玲，王跃丰. 2011. 喷灌机的正确使用与常见故障［J］. 新农村，4：34 –35.

丁强. 2013. 卷盘式喷灌机的使用技术［J］. 农机使用与维修，1：43.

法国伊尔灌溉公司技术部. 2012. 中心支轴式喷灌机基础知识及使用与维护［J］. 2012 全国高效节水灌溉先进技术与设备应用专刊，5：39 –44.

姜永德. 1996. 美国 John Deere 600 搂草机性能及维护［J］. 黑龙江畜牧科技，(9)：31.

卡那沃依斯基. 1983. 收获机械［M］. 北京：农业出版社.

李烈柳. 2012. 畜牧饲养机械使用与维修［M］. 北京：金盾出版社.

马文泽. 2005. 纽荷兰 –565 型打捆机的使用与维护［J］. 新疆农垦科技，4：36 –37.

农业部农业机械化管理司. 2005. 牧草生产与秸秆饲用加工［M］北京：中国农业科学技术出版社.

邵向阳. 2006. SJP75 ×300 型卷盘式喷灌机常见故障与排除［J］. 现代化农业，7：40.

孙昭巍. 2013. 割草机维护与故障除［J］. 农村新技术，12：39.

王成兵，韩红卫. 2004. 9Q 1 Y 5 方草捆压捆机调整与使用［J］. 农业机械，10：40.

王文春，程俊争. 2003. 约翰·迪尔 338、348 型小方捆机的正确使用及调整［J］. 农业机械，5：67.

吴忠民. 1998. 2ZT— 6 型深施肥机的使用及维［J］. 农机的使用与维修，2：21.

肖林刚，王晓冬，帕尔哈丁，等. 2010. PG99S 智能型喷灌机的调试及维护［J］. 农业开发与装备，7：23－25.
杨明韶，杜建民. 2013. 草业工程机械学［M］. 北京：中国农业大学出版社.
杨青川，王堃. 2002. 牧草的生产与利用［M］. 北京：化学工业出版社.
杨世昆，苏正范. 2009. 饲草生产机械与设备［M］. 北京：中国农业出版社.
姚维祯. 1998. 畜牧业机械化［M］. 北京：中国农业出版社.
于福林，乔建华，肖臣. 1999. 巴西 AJ 401 喷药机及使用调整［J］. 现代化农业，5：36.
赵春花. 2010. 草业机械选型与使用［M］. 北京：金盾出版社.
中国农业机械化科学研究院. 2007. 农业机械设计手册［M］. 北京：中国农业科学技术出版社.
朱守信. 2013. 施肥机常见故障的维修及使用注意事项［J］. 农机的使用与维修，1：38.
朱先录. 2011. 播种机的正确使用与常见故障排除［J］. 新农村，4：35－36.

致　谢

中国农业科学院草原研究所草地机械研究室主任布库对本书进行审核、定稿，并与万其号共同担任主编著，草原研究所焦巍和包头轻工职业技术学院刘百顺担任副主编著，草原研究所侯武英、乔江、高凤琴、吴洪新参与编写并提供的大量文献资料。

本书在编著过程中得到了中国农业科学院草原研究所侯向阳所长、王育青书记和李志勇、刘雅学、任卫波等领导的大力支持和帮助，在此表示诚挚的谢意。

由于编者的水平有限，书中难免有错误和疏漏之处，恳请广大读者批评、指正。

编　者

2016 年 8 月